1分钟读懂儿童心理学

雷庭芳 著

Ertong xinlixue

台海出版社

图书在版编目（CIP）数据

1分钟读懂儿童心理学/雷庭芳著. -- 北京：台海出版社, 2024.12. -- ISBN 978-7-5168-4082-5

Ⅰ．B844.1

中国国家版本馆 CIP 数据核字第 2024Z5M072 号

1分钟读懂儿童心理学

著　　者：雷庭芳	
责任编辑：魏　敏	封面设计：刘　僮

出版发行：台海出版社

地　　址：北京市东城区景山东街 20 号　　邮政编码：100009

电　　话：010-64041652（发行，邮购）

传　　真：010-84045799（总编室）

网　　址：www.taimeng.org.cn/thcbs/default.htm

E - mail：thcbs@126.com

经　　销：全国各地新华书店

印　　刷：三河市越阳印务有限公司

本书如有破损、缺页、装订错误，请与本社联系调换

开　　本：710 毫米 × 1000 毫米	1/16
字　　数：150 千字	印　张：11
版　　次：2024 年 12 月第 1 版	印　次：2025 年 3 月第 1 次印刷

书　　号：ISBN 978-7-5168-4082-5

定　　价：59.80 元

版权所有　　翻印必究

前言

在孩子的成长过程中,心理健康和生理发育同等重要。只有正确解读孩子的内心世界,才能给他们更好的呵护、更积极的引导。

儿童心理学表现在学习上,常见的有磨蹭、没有上进心、执行计划没常性、不爱写作业、知识过眼不过脑等。有些父母想让孩子赢在起跑线上,经常强制孩子多学多写,但忽略了孩子的一些生理、心理特点。例如,孩子写作业一会儿要喝水,一会儿要去卫生间,总也坐不住,这其实和孩子的注意力时间有关。低年级小学生一次集中注意力的最长时间仅有20分钟左右,超过这个限度,他们很难再专心致志。所以,可能不是孩子不爱学习,而是心理发育还未完全成熟,无法像大人一样高强度自律。

儿童心理学表现在行为上,常见的有不敢展示自己、无法接受批评、过度在意外貌、不会体谅父母等。有些父母不了解这些行为背后的深层原因,于是简单地将其定义为"不懂事""不大气",并按自己的想法强行扳正。其实,孩子的沉默或叛逆都有自己的考量。比如,不愿意当班干部是怕被同学当成老师的"宠儿",从而影响人际关系;和父母顶嘴吵架可能是缺爱、没有安全感、想获得更多关注的表现。

儿童心理学表现在情绪上,常见的有自卑、任性、脾气暴躁、抑郁等。他们有的会在电影院大吵大闹,有的会因为没得到想要的玩具撒泼打滚,也有的会因为被同龄人嘲笑而失去自信,或者由于各种压力而出现厌世情绪。此时,父母不能只知道管教,而是要站在孩子的角度,用足够真诚的沟通来找到解决问题的方法。

儿童心理学表现在习惯上，常见的有攀比、花钱大手大脚、乱拿别人东西、和父母"讨价还价"等。父母绞尽脑汁纠正这些坏习惯，但要么收效甚微，要么容易让孩子产生逆反心理。其实，每个习惯背后都有相应的心理因素。例如，写作业时超出正常次数的擦改，可能是因为孩子的完美主义不允许自己出现半点瑕疵。父母可以通过讲述自己身上的缺点来降低孩子对追求完美的执念，或者多认可他们努力的过程，引导孩子接受凡事都会存在失误的可能性。

孩子的行为主要受心理影响，父母只有理清背后的原因，才能抓住重点，既不对孩子造成伤害，又能从根本上解决问题。

本书旨在帮助父母更好地参透孩子的心理模式，以便当孩子出现难以理解的行为时，不至于手足无措，而是有的放矢。在孩子的成长路上，很多"异常"现象都是必经阶段，父母只有学会及时帮助孩子排解负面情绪，才能让亲子关系保持和谐融洽，助力孩子健康成长。

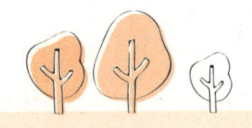

目 录

第一章　解读孩子的学习心理

第一节　孩子做作业总磨蹭怎么办　　002

第二节　孩子上网课要靠"盯"怎么办　　006

第三节　孩子总记不住单词怎么办　　010

第四节　孩子听课不爱记笔记怎么办　　014

第五节　孩子不爱问问题怎么办　　018

第六节　孩子学习没有上进心怎么办　　022

第七节　孩子不想写作业怎么办　　026

第二章　解读孩子的社交心理

第一节　孩子跟同学闹矛盾怎么办　　031

第二节　孩子觉得自己长得难看怎么办　　035

第三节　孩子爱背后说人坏话怎么办　　039

第四节　孩子对长辈没礼貌怎么办　　043

第五节　孩子见人不爱打招呼怎么办　　047

第三章　解读孩子行为背后的心理

第一节　孩子沉迷游戏怎么办　　052

第二节	孩子不敢当众表演才艺怎么办	056
第三节	不买玩具孩子就撒泼打滚怎么办	060
第四节	孩子不愿意竞选班干部怎么办	064
第五节	孩子为了减肥不吃饭怎么办	068
第六节	孩子爱打扮怎么办	072
第七节	老大总是欺负老二怎么办	076
第八节	孩子不懂得体谅父母怎么办	080

第四章　解读孩子的情绪心理

第一节	孩子说"不想活了"怎么办	085
第二节	孩子害怕上课发言怎么办	089
第三节	孩子被同学嘲笑很伤心怎么办	093
第四节	孩子上幼儿园就哭怎么办	097
第五节	孩子怕看医生怎么办	101
第六节	孩子喜欢发脾气怎么办	105

第五章　解读孩子的语言心理

第一节	孩子总把"我不会"挂在嘴边怎么办	110
第二节	孩子爱说抱怨的话怎么办	114
第三节	孩子不愿意和家长沟通怎么办	118
第四节	孩子爱说大话怎么办	122
第五节	孩子固执不听劝怎么办	126
第六节	孩子犯了错不承认怎么办	130

第六章 解读孩子习惯背后的心理

第一节	孩子看电视上瘾怎么办	135
第二节	孩子太追求完美怎么办	139
第三节	孩子喜欢"讨价还价"怎么办	143
第四节	孩子花钱大手大脚怎么办	147
第五节	孩子乱拿别人东西怎么办	151
第六节	孩子总爱抠鼻孔怎么办	155
第七节	孩子总是不理人怎么办	159
第八节	孩子总是乱放东西怎么办	163

第一章

解读孩子的学习心理

第一节　孩子做作业总磨蹭怎么办

秋水伊人： 雷老师您好，我家孩子现在上五年级，做作业总是磨蹭怎么办？

雷老师： 您好，您家孩子大概要花多少时间完成作业呢？

秋水伊人： 他一个人写作业，从吃完晚饭开始写，能写到睡觉之前。我不知道他为什么能这么磨蹭。有时我进去看一眼，发现他拿着桌子上的摆件在研究，作业却没写几个字。

雷老师： 这样磨蹭很容易养成不好的习惯，您尝试过用什么方法纠正吗？

秋水伊人： 我后来就专门坐在他旁边盯着他写作业，可他不是抓耳挠腮，就是总跑出去喝点水、吃点东西，碰到不会做的题目就坐在那里发呆。我在旁边看着着急，就催着他赶紧写，但感觉越催越慢，他就是故意磨蹭。这样下去也不是办法，雷老师您有什么好办法吗？

第一章：解读孩子的学习心理

解读孩子心理

孩子写作业磨蹭是让家长们头痛的一个大问题。对于那些爱磨蹭的孩子，家长如果不盯着他们写作业，他们根本就写不完。家长们可能会疑惑：为什么孩子玩起来积极性那么高，一到写作业的时候就拖拖拉拉？其实，家长们也不必过于恼火。我先来给家长们分析一下原因。

1. 时间观念淡薄

孩子总磨蹭的一大原因，就是总认为自己的时间还有很多，所以写作业的时候就会慢吞吞的，一点儿也不着急。他们不知道一般在多长时间内把作业写完是合理的，也不懂得分配写作业的时间，有时候一道题就能写半个小时。

2. 作业太难，产生畏难情绪

当孩子的基础太差，或者某项作业太难的时候，孩子写作业时往往会产生畏难情绪。孩子看到难题的时候，脑子里想的都是"我不会""我不想做了"，自然难以投入写作业当中去。孩子既担心父母的责怪，又对自己做不好作业感到厌烦，久而久之，便会习惯性地逃避难题，变得拖拉。

3. 反抗父母的催促

家长们肯定觉得，如果孩子在写作业的时候认真点儿，应该很快就能把作业写完。但实际上，虽然写作业是复习当天知识的一个过程，但是孩子有时也会感到费力。如果家长每隔一段时间就去催促孩子，孩子反而会产生抵触心理。面对家长的不断催促甚至怒吼，他们会觉得自己没被尊重，从而会选择一种消极的反抗方式——磨蹭，来争取自主权。

心理老师为你支招

解决孩子写作业磨蹭的问题不难，但首先要做到在孩子写作业慢的时候不要一个劲儿地催促。接下来，请跟着我来看看下面这些解决方法：

1. 把时间管理融入生活

让孩子明白做一件事需要花费多长时间，为此家长可以在日常生活中潜移默化地提醒。比如，吃饭前你可以说："还有 10 分钟就要吃饭了，你要把玩具都收拾好。"再比如，出去玩的时候你可以说："还有 20 分钟电影就要开始了，我们只能逛一会儿。"

在孩子写作业的时候给孩子放一个计时器，跟孩子商量好，由他决定写作业应该要用多长时间，家长等孩子定好闹钟后就离开。孩子一开始可能不会准时完成，家长也不要着急，慢慢调整即可。给孩子适当的时间压力，更有利于解决孩子做事拖拉的问题。

2. 作业分块写，多给予正面评价

教孩子把作业进行拆分，写作业的时候先易后难、先少后多，缓解孩子完成作业的心理压力。孩子完成一部分作业后，家长要及时给孩子以正面的评价，逐渐建立起孩子写作业的成就感和自信心，提升孩子写作业的兴趣。孩子有实在不会的难题时，可以留到最后，跟父母一起解决。

3. 营造良好的学习环境

家长要给孩子创造一个不容易分散注意力的写作业的环境，一个足够安静且比较独立的空间。家长在孩子写作业的时候也尽量不要看电视或弄出声响。家长不要总担心孩子有没有吃好、喝好，不要随便进去送点心和饮料，也不要时不时就进去催促。要给孩子充分的自主权，让孩子能够集中注意力。

第一章：解读孩子的学习心理

家长反馈

秋水伊人：我家孩子做作业磨蹭的大难题终于解决了！雷老师您的方法真的很不错，谢谢您！

雷老师：对孩子有用就好。现在孩子写作业的状态怎么样？

秋水伊人：他现在作业写得很快，还能有空余时间做他想做的事情。原来他总是磨蹭，每天都写到很晚才去睡觉，他自己也不开心。后来我就用雷老师的方法，先给他树立时间观念，让他知道每科作业要用多长时间。孩子写作业的时候我们也尽量不催促他，让孩子先做简单的作业，难题就留到后面我们跟孩子一起解决，这样孩子完成作业的效率就慢慢提高了。

雷老师：我很高兴孩子能又快又好地完成作业，希望孩子能继续保持下去。

第二节　孩子上网课要靠"盯"怎么办

在水一方： 雷老师您好，我家孩子在家里上网课总是要大人盯着。我该怎么办才好？

雷老师： 他是没办法集中注意力吗？

在水一方： 是的，在家里上课他就完全放飞自我了。只要我不盯着他，他就把网课摆在一边。老师在网上讲课，他就拿着各种东西在那里玩，也不听课，反正老师也看不到他。就算我盯着他，他也能找借口到处走，一会儿要喝水，一会儿要吃水果，就是不听课。

雷老师： 那您是不是也用了一些方法来引导他？

在水一方： 我肯定要管他呀，只要上课我就盯着他，时时刻刻制止他的小动作。但是我也有自己的事要做，真的没办法一直盯着他。您有没有什么好方法？

解读孩子心理

孩子在学校上课都容易走神，就更别提在家里上网课了。只要在家里上网课，孩子身上的各种懒散劲儿就都出来了，在家里东摸摸、西逛逛，想尽一切办法玩，而家长就只能盯着孩子上网课了。但孩子为什么会这样呢？我们一起来分析一下原因吧。

1. 缺乏学习氛围，孩子容易玩心大

在家学习不同于在学校学习，孩子在学校里有严格的纪律束缚，而在家里很容易就松懈下来。家庭环境一般是舒适温馨的，唾手可得的零食和玩具、柔软的沙发、温暖的床铺都是容易分散孩子注意力的东西，很难让家里有学习的氛围。而且，上网课时师生之间的互动性比较差，孩子很难集中精力。

2. 孩子觉得有"后路"，听不懂也没关系

上网课时，有些孩子由于基础知识不牢固，遇到新知识点无法理解和消化，跟不上老师的节奏，于是很难再专注听课。想着反正课后也有回放，不如慢慢看回放，因此放弃跟上老师上课的步伐。这种想法直接影响了孩子上课的积极性。

3. 孩子觉得被监督才有学习动力

孩子乐于接受父母的监督，这能让他们有安全感和冲劲儿，感觉自己的学习是被支持、被期待的。但时间长了以后，父母会很难改掉这个习惯，孩子也会过度依赖父母监督，内驱力慢慢消失。一旦离开强制监督的环境，他们就会丧失自主学习的能力。

心理老师为你支招

父母不要总盯着孩子上网课了。我给出了下面三个方法，大家试试看吧。

1. 放弃"盯"孩子

不要用最低效的方式盯着孩子学习，父母的监督对于孩子来说也是一种束缚，会降低孩子的学习兴趣。我们要适当地放手，让孩子有足够的空间自主学习。

我们要根据孩子的年龄段来决定要不要盯着孩子上课。小学低年级的孩子正是活泼好动的时候，很难静下心来，需要家长陪同。对于小学中高年级的孩子，则要根据孩子的情况来定，可以适当培养他们的自主性，不需要经常陪同。

2. 排除影响孩子上课的干扰

尽量把孩子安排在一个杂物比较少的房间里，把跟学习和上课无关的东西都收起来，并且跟孩子一起摆好上课要用的课本和文具等物品。在上课之前，帮孩子把设备都调试好，确保运行流畅，网速没有问题。

上课期间尽量不要让孩子离开座位，其他人在活动的时候也要注意音量，最大程度上排除各种影响孩子上课的干扰。

3. 建立孩子上课的仪式感

在家也要给孩子建立上课的仪式感，给孩子模拟学校的氛围。上课时，让孩子穿上正式的衣服或者校服，这会给孩子一种在学校学习的心理暗示。让孩子按照学校的时间活动，严格控制时间，一定要准时上课或者下课。孩子上课的地点也要固定，上课期间不能随意走动。

第一章：解读孩子的学习心理

家长反馈

在水一方：雷老师，您的方法真的很有效果，我再也不用盯着孩子上网课了。我终于有时间做自己的事了。

雷老师：谢谢您的肯定！您是怎么做的？跟我分享一下吧。

在水一方：最近一段时间孩子都在家上网课，我比之前还要累，必须天天盯着，不盯着他就开始干别的事情。但我也有工作要做，于是我就学着您的方法，让孩子按照学校的时间作息，该上课的时间就不让他出书房，该休息的时候就让他休息，尽量还原孩子在学校里的状态。孩子习惯之后，我也就不用总盯着了，偶尔进去提醒他一下就好。

雷老师：这样也能逐渐培养孩子的自律能力，我相信孩子以后上网课都不需要您操心了。

第三节　孩子总记不住单词怎么办

雨梦娴：老师您好，我有一个问题想咨询您一下：我女儿总是记不住英语单词，您有什么好的解决办法吗？

雷老师：可以详细说明一下孩子的情况吗？

雨梦娴：我女儿刚升入二年级，但英语的学习要求却不同于往常了。老师规定学生必须记住一些常用的单词。孩子之前从未接触过背单词的任务，所以感到十分吃力，即使前一天背了好久，第二天还是会忘掉很多。这种情况应该怎么办呢？

雷老师：请问您有没有帮助孩子背过单词？

雨梦娴：我习惯在孩子背单词的时候坐在一边陪伴着她。当她走神儿的时候，我会及时提醒她要集中注意力。

解读孩子心理

许多家长都发现,孩子在学习英语的过程中总是记不住单词。当家长问起当天在课堂上所学的单词的意思时,孩子总是支支吾吾回答不上来。也有的孩子在考前背单词十分认真,但考试时还是会忘掉一部分,考出的成绩也不够令人满意……孩子总记不住单词的问题令很多家长都感到头疼,我认为造成这种现象的原因有以下两个:

1. 单调的记忆方式令孩子产生厌倦心理

我曾观察过一些记不住单词的孩子,发现他们记单词的方法较为死板,遇到新单词时并不会对其加以理解,而是直接死记硬背或是机械地抄写。这种记忆方式单调、乏味,孩子很容易走神,静不下心,降低了记忆效果和学习效率。

2. 孩子缺乏记单词的兴趣与动力

人脑中思维发达的区域各异,因此,并不是每个孩子都能将学习英语的过程变得轻松又愉快。如果孩子的大脑中控制语言的思维不是很发达,那么孩子记单词的兴趣与动力自然就会不足。

心理老师为你支招

针对孩子总记不住单词的问题,父母首先要保证对孩子有足够的耐心。父母表现得急躁与愤怒,会从一定程度上增加孩子的厌学心理,因此,他们记单词的效果更会打折扣。其实,在帮助孩子学习英语的过程中,我们要尽量避免一些类似于死记硬背的学习方法。这样的方法既耗时又容易让人感到枯燥，哪怕再勤奋地去学习，效率也不会太高。此外，我们也可以通过以下几个方法来帮助孩子记单词，打下扎实的英语基础。

1. 词根词缀记忆法

当孩子对记忆单词感到吃力，并向父母求助时，我们首先要明确：一个人对任何一门学科原理的理解程度，与他在这一门学科上的学习效率是成正比的。因此，想要学好英语这门学科，深入地理解英语学科的原理才是最重要的。也就是说，如果我们想以最高的效率记忆单词，那么就一定要从根本上去剖析每一个单词，也就是从英语单词的构造——词根词缀上入手。例如：con- 表示向前、-or 构成表人的名词等。积累足够多的词根词缀，就可以把单词分成几小段，使其变得容易记忆起来。孩子在遇到任何一个没有记忆过的单词时，都可以根据积累过的词根词缀推断它的中文意思。

2. 趣味记忆法

趣味记忆法就是将众多枯燥乏味的单词改编成一个个易于记忆的小段子，然后再进行记忆。例如："soup"这个单词，首先我们将它拆分成"sou"和"p"两部分，然后把"sou"联想成"馊"，将"p"联想成"泼"，最后再用造句的方法将这两部分与单词原意联系起来：汤（soup）馊（sou）了所以要泼（p）掉。通过类似的方法不断地将单词改编成小段子，能让孩子感受到记单词的乐趣，提高学习效率。

3. 影视情境记忆法

让孩子亲自挑选一些喜欢的英文动画片或电影，通过影视情境将课本上的单词带入角色对话中。这样，孩子就可以在快乐观影的同时不知不觉地记下很多单词。另外，这种方法也可以提升孩子对英语的兴趣。

第一章：解读孩子的学习心理

家长反馈

雨梦娴： 雷老师，孩子听了您的方法后马上就去尝试了，结果很快就记下了好多单词。她告诉我，一定要发条信息感谢您！

雷老师： 不客气、不客气，看到对孩子有帮助，我也很开心。

雨梦娴： 嗯嗯，她平时数学成绩挺好，唯独英语是短板。她之前记单词时一直是死记硬背，这种方法也令她感到很枯燥，有时到最后干脆直接放弃学英语了。但是用了您的"趣味记忆法"后，她就迫不及待地去编了好多记忆单词的小段子，这下记得又快又牢，甚至现在还盼着在明天的英语默写中大展身手呢！

雷老师： 听到您这么说真的很荣幸，下次我会争取再为孩子们提供一些好用的学习方法。

第四节　孩子听课不爱记笔记怎么办

海豚与海：您好，雷老师！有一个问题一直困扰着我，就是我儿子上课的时候不怎么喜欢记笔记，所有的课本几乎都像新的一样，笔记本上的内容也是寥寥几笔。要怎么做才能让他养成爱记笔记的好习惯呢？

雷老师：您好，家长！请问孩子的学习成绩如何呀？

海豚与海：成绩基本都是排在班里的下游，偶尔发挥好的时候会冲到中游的位置。

雷老师：您针对孩子这个问题采取过什么措施吗？

海豚与海：我会经常批评教育他，甚至还帮他找成绩好的同学借笔记本来借鉴。但是他依旧还是改不掉这个坏习惯，还嫌我管他管得太严格了。

解读孩子心理

"妈妈,这道题怎么写?"听到孩子发问后,妈妈一边为孩子的虚心请教感到欣慰,一边要求孩子打开语文课本去查阅课文。但不看不知道,一看吓一跳。谁能想到孩子的课本就像新的一样干净,上面的笔记少得可怜。这下,妈妈刚才还很欣慰的心情立刻烟消云散,并大声地向孩子发问道:"上课的时候为什么不记笔记?!"为了解决这个普遍存在的问题,我们有必要对其原因进行分析。

1. 孩子不了解记笔记的重要性

也许在孩子的眼中,只要做到了用耳朵听讲和用头脑思考,就可以很好地掌握课堂知识,做笔记是可有可无的习惯,就算不小心忘记了知识点,去翻看别人的笔记或是书本也能完美地解决。

而在另一些孩子的眼中,学习本身就不是一件特别重要的事,就更别说培养相关的学习习惯了。

2. 孩子对学习没有兴趣

看着匪夷所思的数学题,读着晦涩难懂的英语课文,对于不能体会到学习乐趣的孩子来说,在学校里坚持坐上一天本就是一种煎熬,因此再想让孩子集中注意力去听课、做笔记,就变得更加不切实际。

心理老师为你支招

让孩子爱上学习,才是彻底解决问题的关键。毕竟,如果孩子觉得学习是件比较轻松的事情，就会因为可以在学习上取得比较好的成绩而爱上各类学科，也就会用认真的态度去对待学习。为了帮助孩子学会记笔记，喜欢上记笔记，我为大家总结了以下几种方法。

1. 教孩子将笔记内容分类

家长可以让孩子学会将笔记按板块来分类，例如把笔记分成基础知识板块、黄金板块、背诵板块三部分：基础知识板块用来记一些原理、定义和概念；黄金板块用来记课堂上的"黄金内容"——重难点部分；背诵板块标注着需要会默写的内容。结构清晰的笔记，可以让孩子的思路变得有条理，这样他们记笔记的时候就不会手忙脚乱了。

2. 使用符号简记笔记

孩子不爱记笔记，也许是因为他们觉得记笔记比较麻烦。为此，家长可以让孩子针对学习的内容自创一些符号，来代替一些复杂的文字，就像数学中总是用方块来代表"正方形"一样。这样一来，孩子记笔记便会变得省时省力，轻而易举，孩子甚至会因此喜欢上记笔记。

3. 巧用思维导图记笔记

思维导图直观又清晰，它通过线条将知识点串联，可以很好地理清其中的逻辑。孩子学会这样的方法，可以大幅度地提高学习效率。

4. 为孩子准备记笔记的工具

当孩子把记笔记的方法都掌握得差不多了后，我们还可以为孩子准备一些精美的笔记本、荧光笔、便利贴等工具。利用这些学习小物，可以充分地发挥孩子的创造力，从而进一步提高孩子的笔记质量，让笔记的结构更清晰，让记笔记的过程更方便且有趣。对于这样的笔记，孩子在复习时更愿意经常翻阅。

第一章：解读孩子的学习心理

家长反馈

海豚与海：老师，真的太谢谢您了！在我教孩子怎么记笔记以后，孩子现在对待学习的态度要比以前好多了，他还说要尽力认真对待每一堂课，毕竟多认真听一秒钟，都有可能在考试中多考一分。

雷老师：您客气了，孩子记的笔记是不是也变得多了一点？

海豚与海：是的。孩子还跟我说，原本以为平时不好好听课也没关系，反正到考试前可以突击，但是现在孩子的看法改变了。虽然还是会有懈怠的时候，不过他现在的状态已经让我很满意了。在最近的这次考试中，他进步了五个名次呢！

雷老师：哈哈，真是个上进的好孩子！

第五节　孩子不爱问问题怎么办

心城以北： 雷老师，您在吗？我有一个关于孩子学习方面的问题想请教您。

雷老师： 在的，是什么样的问题呀？

心城以北： 我看到儿子的课堂练习册中，总是会出现几道未订正的错题，于是我就问孩子为什么每次都只订正部分错题，结果儿子告诉我，因为这些题目老师没有在上课的时候讲过，所以他自己也不知道怎么改。后来，我就常常提醒他，如果有不会的题目，一定要及时去请教老师。但是孩子还是一如既往地带着一些错题回家。

雷老师： 请问您有没有问过孩子为什么不愿去问问题呢？

心城以北： 问过的，孩子一般都会说"不想问"或是"懒得问"之类的。我觉得总是去监督他也不是个事儿，还是想让他变得自觉一些，所以我要怎样做才能让他主动去问问题呢？

解读孩子心理

有一个文静的孩子是很多父母的愿望，但是我们却并不希望孩子在学习上也表现得"文静"——不爱问问题。有些孩子就是不愿意向老师问问题，无论父母再怎么提醒他们要多向老师请教，都无济于事。那么，孩子究竟为什么不愿意去开口问问题呢？让我们一起来分析一下。

1. 孩子不知道积攒问题的危害，懒得去改

或许是常常忘记去解决，或许是觉得解决或不解决都差不多，对积攒问题的轻视会让孩子变得越加懒惰。

2. 孩子对待学习的态度不认真

如果孩子对待学习的态度不认真，甚至根本就不喜欢学习，那么再让孩子经常去问问题的想法就不切实际了。

3. 孩子害怕受到批评

如果老师或是家长平时与孩子交流时的态度不是很温和，那么不用说问问题了，就连打招呼孩子也会考虑很久。另外，孩子可能觉得自己的问题太简单，不值得问老师，或者担心自己的问题会让老师觉得自己没认真学习或学习能力差，从而影响老师和同学对自己的评价，甚至有可能受到批评。

心理老师为你支招

我们都知道，虽然一个问题并不多，但如果每天都要积攒一个，时间久

了，必定会对孩子的学业造成严重的影响。因此，我总结了以下几种方法来供大家参考。

▶ 1. 鼓励孩子问问题

当父母发现孩子作业做了一半，遇到难题进行不下去时，可以先主动帮孩子耐心解答，这样孩子就能意识到父母是愿意帮助自己的，下次再遇到难题说不定就会前来请教。如果孩子听完讲解后将这道题解答出来了，要给予孩子表扬，并要让孩子知道有不会的题目并不可怕，也不丢人。

另外，无论孩子平时提出了什么问题，不管是关于游戏娱乐的，还是生活现象的，我们都不应该用敷衍的态度来回答。不仅如此，我们还要鼓励表扬孩子一番，让孩子意识到自己勤学好问的行为是值得称赞的。久而久之，孩子一定会把我们当作自己的良师益友，遇到了难题自然也愿意向我们请教。

▶ 2. 用名人故事引导孩子

如果孩子问我们为什么要勤提问，我们可以给孩子讲一些科学家的故事，让孩子发现这些成功的人，都有一个共同的特点：爱思考，爱钻研，爱问"为什么"。我们还要告诉孩子："世界上等着我们去发现的未知的知识有很多，爱问问题并不说明我们笨，反而是一种聪明上进的表现。"

▶ 3. 告诉孩子如何提问

当孩子问到应该如何问问题时，父母可以为孩子准备一个专门记录问题的小本子，并告诉孩子，一旦在课堂上发现了自己不明白的地方，应该先将书页和题号记录到小本子上，等到下课后，就可以根据小本子上记录的题号去找问题，然后再带着问题向老师请教。

第一章：解读孩子的学习心理

家长反馈

心城以北：老师，您的方法给了我和孩子很大的帮助，现在孩子真的会主动问我问题了。非常感谢您！

雷老师：您客气了，看到孩子进步我也很开心！

心城以北：其实我之前很好奇，我的数学成绩明明挺好的，我儿子也并不是不喜欢数学，可是他为什么在遇到不会的题目时就是不喜欢来问我呢？看了您的分析后我才发现，可能是我对他平时的管教有点严厉了，孩子觉得和我之间有一些距离感，毕竟以前常会出现我批评他数学考得差的情况。所以最近两周我特意缓和了与孩子说话时态度，没想到，昨天晚上孩子居然拿出一道奥数题主动来和我"切磋"了！

雷老师：哈哈，这下不仅孩子的成绩提高了，连母子关系都更亲密了。

第六节　孩子学习没有上进心怎么办

久菜荷子：雷老师，我儿子太贪玩了，每天放学后都只想着打电子游戏，但我本身是个挺要强的人，所以希望自己的孩子也能优秀一点。但只要我一督促他学习，他就嫌我啰唆。我也问过他为什么不想努力，只想"躺平"，孩子告诉我，因为他现在懒得动，等到以后再努力也来得及。您说我该怎么管管他呢？

雷老师：请问孩子今年多大了？学习成绩怎么样啊？

久菜荷子：孩子今年 10 岁了，如果在考前认真准备的话可以考到班里的中等水平，所以我才想让他平时多努力努力，争取冲到上游，但孩子总是说中等水平也挺好。他心态这么"稳"，以后可怎么在社会上竞争啊？

解读孩子心理

周一踢足球，周二看电视，周三打游戏，周四吃大餐……如果比赛做娱乐计划的话，那应该没人能比得过孩子。但在这般"丰富多彩"的生活中，唯独少了"学习"这场重头戏。孩子如此"佛系"，父母心里自然很着急。各位父母不要急，先来看我的分析。

1. 孩子不知道不上进的危害

有些孩子认为现在"躺平"也无所谓，反正以后有大把的时间来弥补，结果就会出现"危急"时刻才"抱佛脚"的情况。这是因为孩子不懂得脚踏实地与临阵磨枪这两种态度，必然会造成天差地别的结果。

2. 孩子不够自信，认为自己做不到

其实每个人都会有慕强心理，孩子也不例外。他们希望自己读书好、特长多，但在没有发现自己的特长之前，他们往往会误以为自己没有什么过人之处，认为自己根本达不到那种理想的状态，所以干脆就"两眼不读圣贤书，一心只过小日子"吧。

心理老师为你支招

想要让孩子有前进的动力，关键就在于我们要让孩子意识到：勤奋的未来是光明的，并且自己是有潜力的；"摆烂"的未来是灰暗的，就算自己没潜力，也要努力培养出潜力来。

1. 平时多鼓励孩子

无论是主动写作业，还是练习体育项目，只要发现孩子有上进的行为，父母一定不要吝啬自己的鼓励与赞美，千万不要说"终于知道努力了"之类含有讽刺意味的话。

当孩子在写作业过程中遇到难题，并向我们请教时，我们应该给予孩子耐心的帮助，尽量减少他们学习路上的阻力，这样孩子才愿意向着更高的山峰攀爬。

2. 先培养孩子在擅长领域内的上进心

只有在发现了自己可以大显身手的舞台后，孩子才会有生活的乐趣和进步的动力。孩子有时不上进只是因为觉得自己什么都做不好，没有足够的自信，干脆"躺平"。当孩子表达出觉得自己不够好的想法时，我们可以利用"职业测评""心理测试"等一些系列心理学工具，来帮助孩子认识自己。找到擅长的领域后，孩子就会发现，自己只要在这方面努力，就可以很轻松地取得好成绩，因此也会逐渐产生上进的想法。

孩子在自己擅长的领域取得了一定的成绩，并有了一些自信后，面对自己不擅长的科目也就不会太烦躁了，甚至会愿意多花一些时间，多学一些东西。

3. 用榜样的力量激励孩子上进

如果孩子平时有喜欢的明星，父母可以为孩子搜索一些关于这位明星成名之路的资料，让孩子了解这位明星成名前是如何刻苦学艺的。当发现自己最崇拜的人如此努力勤奋后，孩子又怎会心甘情愿地"躺平"呢？

第一章：解读孩子的学习心理

家长反馈

久菜荷子：雷老师，真的很感谢您！我儿子之前一直都是"佛系第一人"，看了您的分析后我才明白，原来儿子只是不自信，觉得自己无论怎么努力都是白费，所以才会没有动力。

雷老师：您别客气。那孩子现在动起来了吗？

久菜荷子：确实比以前勤快多了。我帮他利用职业测评挖掘了一下自身的特长，发现虽然孩子在学习方面没有什么优势，但在舞蹈方面还是有一定天分的。于是我就为他报了个街舞培训班，没想到孩子学得很快。老师在课上不仅经常表扬他，还会让他领舞呢。

雷老师：哈哈，那孩子是不是也自信了很多？

久菜荷子：是这样的，现在孩子还立志说以后要做个舞蹈老师，连学习的心态都比以前积极多了。

雷老师：太好了，宝贝一定会越来越优秀的！

第七节　孩子不想写作业怎么办

森树白云：您好，雷老师。我最近遇到了这样一个问题：我儿子今年上二年级了，虽然不喜欢写作业，但是学习成绩在班里可以排在中间的位置。当然，我们也希望他能更好，所以平时我总会提醒他要按时完成作业，如果不忙的话还会陪着他完成几项。可是，只要没有我的监督，孩子就会应付了事。您说要怎样做才能让他主动去写作业呢？

雷老师：家长您好，请问面对您的提醒和监督，孩子的态度是怎样的呢？

森树白云：还是挺不情愿的，基本每次都是一脸无奈。不过只要他肯耐心完成，作业的质量还是可以的。老师私下也曾向我们反映过孩子不爱写作业的情况，还说如果他每天都认真完成作业的话，成绩肯定不会差。

解读孩子心理

在"学习圈"中,"上课"排老大想必是毋庸置疑的,但如果说"写作业"要排老三,那么肯定没人敢排老二。我们作为父母,哪能忍心让"作业"这位重量级人物无人问津,于是就常会教育孩子要认真对待,但孩子的态度却是十分冷漠。下面,就让我们一起来分析一下孩子"冷漠"的原因。

1. 孩子轻视作业的重要性,也懒得完成

有些孩子觉得,就算不完成作业,临阵磨枪的话,成绩也说得过去;有些孩子压根儿就不在乎自己的成绩,认为即便是现在不努力,以后也照样有机会来补救。

2. 孩子觉得学习枯燥且吃力

当不容易在学习上取得好成绩时,孩子就会因为缺乏自信而"躺平"。再加上听了一天的课后还要去完成作业,孩子的心情简直就像大人们工作了一天还要加个班一样糟糕。

心理老师为你支招

面对着孩子不想写作业的情况,毫无疑问,最好的方法自然是能让孩子发自内心地为自己的学业和人生负责。为此,我们可以参考以下这些方法。

1. 告诉孩子完成作业的好处

当孩子问为什么要写作业时,我们可以告诉孩子:"如果按时完成作业的话,

你在考试中就会取得更优异的成绩，老师会表扬你，爸爸妈妈会给你一些奖励。学习成绩好了，就能考上好的中学和大学，更有可能找到更好的工作，而赚了钱后就可以买自己喜欢的任何东西。可如果不好好学习的话，想要获得这些东西就会比较困难。"

2. 辅助孩子完成作业

当孩子对完成作业感到为难，并向我们求助时，我们要给予积极回应。如果孩子认为作业难度较大，我们就帮助孩子打打基础。我们可以先从课本上的知识点和简单的习题开始，把难度较大的题目放一放。等孩子掌握了基础知识后，再按照由易到难的顺序将孩子的作业题目排好，协助孩子依次完成。

我们还要知道，每个孩子天生的学习能力都不同，也不一定都能在很小的时候就意识到学习的重要性，因此，要多给孩子一些时间来成长，不要一味地批评指责。

3. 鼓励孩子完成作业的行为

虽然孩子不喜欢写作业，但也不会一个字都不写。所以，不管孩子平时有多厌烦做作业，也不管完成的质量如何，只要父母发现孩子有主动写作业的行为，都可以奖励一些小礼物或是说几句表扬的话，让孩子意识到按要求完成作业是值得被表扬的。

4. 为孩子提供一个良好的学习环境

环境影响心境，孩子有了好心境才能好好写作业。为此，我们要给孩子提供一个良好的学习环境，尽量减少外界的干扰和噪声，让孩子专心地写作业。同时，我们要避免在孩子写作业时打扰他们或者指手画脚，但可以在他们遇到困难时给予适当的帮助和引导。另外，我们还要给孩子安排一个合理的时间表，让孩子养成按时写作业的习惯。还有，不要让孩子在写作业前玩游戏或看电视，这样会影响他们的注意力和学习效率。

第一章：解读孩子的学习心理

家长反馈

森树白云： 雷老师，听了您的建议后，我回家好好地想了一下。以前我对于孩子学习上的要求确实过于严格了，毕竟他才 7 岁。同时我也研究了一番，发现我儿子不喜欢写数学作业的原因是他不擅长逻辑思维，所以我也放平心态了，毕竟一种思维的培养不是几天就能完成的。所以很感谢您，让我焦躁的心情平复了很多！

雷老师： 不客气，孩子面对作业的态度有没有什么变化呢？

森树白云： 哈哈，您猜怎么着？原本我打算先尊重孩子的想法，试着让他自己管理几天自己的学习，于是就没有像往常一样督促他。结果，孩子也害怕因为交不了差而受罚，反而主动拿着作业来找我帮忙了！

雷老师： 哈哈，孩子的态度也算有了变化！

第二章

解读孩子的社交心理

第一节 孩子跟同学闹矛盾怎么办

彩虹糖：雷老师，我家孩子总跟同学闹矛盾，您说我该怎么办啊？

雷老师：孩子跟同学具体有什么矛盾，您能跟我说说吗？

彩虹糖：孩子前几天回家，从书包里掏出来一封信，原来那是他跟自己同学的绝交书。我哭笑不得，就问孩子到底发生了什么。孩子愤愤不平，说他的好朋友居然在别人面前说他长得不好看，他再也不想跟他做朋友了。我感觉其中定是有什么误会，说了孩子两句。结果，孩子觉得我不站在他这边，伤心地跑了。

雷老师：孩子之间打打闹闹很正常，您后来怎么做的？

彩虹糖：后来他还是不服气，想让我去教训那个同学，可我肯定不能这么做。雷老师，您有什么好办法吗？

解读孩子心理

孩子喜欢跟父母分享学校里发生的事情是好事,但有时孩子跟同学闹了矛盾却想让我们去"伸张正义",这就让我们很为难了。有时候我们会担心孩子吃亏,有时候又担心自家孩子去欺负别人。我们不要急于插手孩子之间的矛盾,先来看看矛盾产生的原因吧。

孩子跟同学或者朋友之间闹矛盾的原因其实有很多种,我在这里说一下常见的三种原因。

1. 自我中心

孩子在成长过程中,可能还没有完全摆脱以自我为中心的思维模式,难以站在他人的角度考虑问题,在交往的过程中很容易产生摩擦。不同的性格和脾气导致孩子们容易在行为和观点上产生分歧,继而发生矛盾。比如,一个孩子喜欢安静的地方,想去图书馆看书,而另一个孩子喜欢热闹的地方,想去闹市逛街。两个人争执不下,谁也不让谁,这就导致了矛盾的产生。

2. 道听途说造成误解

孩子之间流传的各种小道消息,是孩子闹矛盾的重要原因。比如,有的孩子听说跟自己一直玩得很好的朋友在背后说自己的坏话,就气冲冲地跑过去对峙,这样很容易发生冲突和矛盾。

孩子现阶段感性认识比理性认识更强,听到什么就信什么,总是"想当然",很少去求证事实,这就造成他们之间容易产生误解。

3. 竞争关系

孩子之间如果有利益冲突或者竞争关系,也很容易产生矛盾,比如同学之间争夺班干部的位置、争夺老师的关注、争夺某个表现的机会等。在这种情况下，双方可能都觉得自己更胜一筹，不想让步。

心理老师为你支招

孩子之间的矛盾，家长尽量不要介入。我在此给出引导孩子解决矛盾的三个方法，父母们可以参考一下。

1. 听孩子解释，给予情感上的安抚

有的家长可能会一上来就责怪自己的孩子，但这是不合适的，我们在不知道事情的来龙去脉之前，不要盲目否定自己的孩子。我们要先给孩子解释的机会，认真听孩子讲述来龙去脉，然后适当地给予孩子安抚，给孩子情感上的支持，让孩子思考该怎么解决问题。

2. 让孩子自己去解决矛盾

我们不要过度插手孩子之间的矛盾，最好让孩子自己去处理。不要剥夺孩子解决矛盾的机会，让孩子自己处理跟同学的小摩擦，可以提升孩子的社交能力。而且我们听的只是孩子的一面之词，如果我们直接插手，很可能会让两个孩子之间的矛盾升级为两个家庭之间的矛盾。

3. 教孩子学会换位思考，适当退让

孩子之间偶尔有点小矛盾和冲突是很正常的事情，如果是原则性的问题，可以让孩子争出个是非对错，但如果只是小问题，就要让孩子学会换位思考，不能得理不饶人。

引导孩子解决问题时，要让孩子学会"礼貌在先"的原则。如果错在对方，让对方道歉就行，适度地退让会让我们的孩子更加宽容大度。如果错在自己孩子身上，更应该让孩子主动承认错误，学会承担责任，而不是无理取闹。

家长反馈

彩虹糖：十分感谢雷老师的点拨，现在我的孩子已经会自己处理他跟同学之间的矛盾了。

雷老师：不用谢，请说说您是怎么引导孩子处理矛盾的吧。

彩虹糖：孩子之前总是跟别的孩子有摩擦，有时候还会打架。但我也不能总是帮他处理，毕竟很多事情的起因其实都是小矛盾，我怕引起更大的矛盾。所以我就按照您说的，让孩子自己去处理矛盾，让他学会换位思考。其实很多问题站在另一个角度看，不是什么大矛盾。我引导两个孩子握手言和，让他们自己分析问题，互相承认错误。之后孩子就没怎么跟我说过他跟同学吵架的事了。我从老师那里了解到，孩子确实会自己处理矛盾了。

雷老师：孩子自己处理矛盾有助于提升孩子的情商，孩子之后肯定会越来越好的。

第二节　孩子觉得自己长得难看怎么办

捕梦网：雷老师,最近我家孩子总觉得自己长得难看是怎么回事呀?她以前可不这样。

雷老师：她最近外貌有什么变化吗?

捕梦网：在我眼里是没怎么变的。我家孩子现在13岁,长得还算清秀,五官也长开了一些。但她总是拿着镜子研究她的鼻子,说自己的鼻子不够挺,觉得很难看,甚至还想以后去做个手术。

雷老师：孩子正在发育,心思难免有些敏感。您此后是怎么做的?

捕梦网：我就跟她说根本不难看,但她也不听。我总不能真的带着她去整容吧?我不想让孩子过于关注自己的外貌,您说我该怎么办?

解读孩子心理

孩子长大后,总会在意自己的外表,甚至会产生"容貌焦虑",觉得自己很难看。父母看自己的孩子自然是哪里都好看,根本不明白为什么孩子成天嫌弃自己的外貌。这到底是为什么呢?我来给各位父母分析一下吧。

1. 太在意自己在别人心中的形象

成长过程中的孩子会很在意自己在别人眼里的形象,而孩子们又总喜欢拿外貌特征来调侃一个人。那些孩子会给长得不好看的人起外号,比如大鼻子、绿豆眼等。

在孩子看来,同龄人之间的交往在他们的生活中占很大的比重,因此他们会把其他孩子们的评价当真。那些有关自己外貌的评价会给他们留下很深的印象,让他们总觉得自己很难看。

2. 审美跟风

年龄小的孩子很容易从众跟风,在审美上也一样。孩子的内心不坚定,如果周围的人说什么样是好看的,孩子就容易被周围人的声音影响,产生跟风的审美标准。比如,孩子的同学们都认为高鼻梁是好看的,而孩子觉得自己的鼻梁不够高,他就会认为自己是不好看的。

3. 自我评价体系单一

孩子的自我评价体系会在成长的过程中逐渐完善,但期间也存在一个过渡阶段。这个阶段的孩子自我评价体系单一,没有建立正确的自我价值感。浅薄的认知会让孩子把外貌摆在第一位,让他们误以为只有外表足够好看的人才能得到认同和关注。

心理老师为你支招

大环境的审美氛围很难改变，但我们可以改变孩子的看法，让孩子看到美的多元化。下面是我给出的几个解决方法。

1. 让孩子找到认可自己的群体

如果孩子太在乎别人的评价，就让孩子远离那些喜欢评头论足的人。我们可以发展孩子的兴趣，让孩子在自己感兴趣的领域获得成就感，把孩子的注意力转移到提升自己上。我们还要鼓励孩子融入属于自己的圈子，通过才华获得别人的认可，这样便可以减少孩子在容貌上的焦虑。

2. 引导孩子正确认识自己

孩子没有办法正确地评价自己，往往是因为没有获得足够多的肯定。我们可以鼓励孩子询问他的朋友，问问他们为什么喜欢自己，为什么想跟自己交朋友，看看他们是因为自己的乐观开朗还是仅仅因为外貌。

好朋友能够玩在一起主要是因为有相似的价值观。孩子得到了周围人的认可，才能正确认识自己，不再纠结于自己好不好看。

3. 拓展孩子对美的认识

如果孩子的审美品位单一，那我们就拓展孩子对美的认识，让孩子知道美有很多种。如果孩子总说自己很丑，我们不要直接反驳，而要告诉孩子：每个人的美都是不一样的，明亮的眼睛是美，睿智的头脑是美，充分的自信也是美。

我们还可以带着孩子多看看运动比赛，看看那些运动员由内而外散发出来的健康美。他们的美并非外表美，而是充满勇气和奋斗的力量美。

家长反馈

捕梦网：雷老师，您的方法真的太实用了。

雷老师：很开心我的方法对您有所帮助，孩子最近是什么状态？

捕梦网：她原来总是低着头，对自己的外貌遮遮掩掩。经过我的引导，她现在终于变得自信大方了，也不把关注点放在自己的外貌上了。我就是用您的方法，先跟孩子好好沟通了一次，告诉她美的形式有很多种，还带她到处问别人喜欢她的什么优点，后来她就慢慢变得自信了起来。我还带着她参加各种兴趣活动，让她在别的地方找到认同感。最近，她再也不觉得长相是一件很重要的事了。

雷老师：这真是太好了！心灵美比外貌美更重要，希望以后孩子会更注重自身的发展。

第三节　孩子爱背后说人坏话怎么办

清晨小鹿e：老师，我女儿今年9岁了，她有一个坏毛病一直改不掉。您可以帮帮我吗？

雷老师：请问是什么样的坏毛病？

清晨小鹿e：我女儿虽然很健谈，但是不管什么样的话她都喜欢说，包括别人的坏话。每天放学后，她都要把身边发生的一切向我们汇报一遍，还要加上自己的各种批判。

雷老师：那孩子在向您表达的时候，您是如何回应的呢？

清晨小鹿e：一开始我会随意应付她几句，然后直接告诉她讲别人的坏话是不对的，不过她却不以为意。于是我干脆直接用沉默来回应，或是对她说一个"嗯"字，希望她能停下来。没想到，孩子居然直接质问我为什么不理她。

解读孩子心理

"妈妈,我跟你说,我们班的小明真是太笨了!连'3+2'这种简单的数学题都能算错。还有小红也是,都练习了一个学期的跳绳了,她还是不知道怎么跳……"当家中有了个爱"八卦"的孩子,就算父母没有亲自去学校,也可以迅速掌握与孩子同学有关的一切消息。孩子爱在背后说别人坏话的原因其实并不难理解,我们可以参考以下几点分析。

1. 孩子认为"吐槽"可以让人际关系更亲密

有的孩子认为,这些坏话就是类似于"小秘密"的琐碎日常,将这些"小秘密"分享出去无伤大雅,甚至还可以让自己和别人的关系更亲密。

2. 孩子不喜欢这个"被说坏话"的人

有些孩子在学校和一些同学发生了冲突,事后会通过"讲对方坏话"的方式来宣泄内心的不快。

3. 孩子的嫉妒心比较强

有些孩子比较缺乏安全感,如果发现别人在某一方面比自己优秀,那么他们会通过谈论这些人身上的缺点,来证明对方其实没那么好,借此安慰自己不平衡的内心。

心理老师为你支招

一个说话谨慎的孩子,会成为同学心目中值得信赖的伙伴,也是老师眼中的得力小助手。想要让孩子改掉背后说人坏话的习惯，我们需要做到以下几点。

▶ 1. 做孩子的听众

孩子向我们"吐槽"，将我们当成一个倾诉对象，是想宣泄一下自己的情绪，所以父母可以配合一下孩子，做孩子的"知心密友"，认真倾听孩子的话，给孩子一个发泄的机会。孩子向我们倾倒完苦水后，心情也就自然而然地舒畅了。

但有一点需要注意，那就是无论孩子讲别人的坏话是出于什么原因，父母都不要认同孩子的"吐槽"，以免助长孩子的不良习气。我们可以用"我理解你的心情"之类的话来平复孩子的心情。

▶ 2. 教孩子换位思考

如果孩子问我们为什么不能说别人的坏话，我们可以这样回答："因为讲别人的坏话本身就是不对的。如果你的好朋友把你不愿意让大家知道的一件事告诉了别人，你的心情是怎样的？"孩子大概会说自己会难过、生气等，那么我们就可以趁机告诉孩子："如果我们说别人坏话，别人知道了，是不是也会很难过、很生气？"

▶ 3. 父母以身作则

在生活中，父母首先要改正在背后评判他人或是讲"八卦"的习惯，否则孩子会将这种行为视作家常便饭，甚至还会误以为讲坏话是一种与他人关系亲密的表现，可以用来拉近关系。同时，我们也不要忘记给孩子更多的爱和关心。没有小情绪的孩子，通常不会经常讲负能量的话。

家长反馈

清晨小鹿e: 雷老师，我按照您提供的建议对我女儿进行了引导，她现在说别人坏话的情况减少了一些，真的要感谢您！

雷老师: 哈哈，您就别客气了！孩子现在说别人坏话时的情绪还会很激动吗？

清晨小鹿e: 已经好很多了。之前是因为她和其他几个小朋友闹了点矛盾，才导致孩子每次一提到她们都有些气愤。后来我引导她检讨了一下自己的问题，她才发现自己也有不对的地方，于是负面情绪就减少了很多，也很自然地不怎么讲别人的坏话了，甚至连和同学之间的关系都缓和了一些。

雷老师: 太棒了，孩子真的进步不小啊！

第四节　孩子对长辈没礼貌怎么办

秋雨凉：雷老师，我儿子今年6岁了，比较调皮，平时在我们眼前能乖一点。最近孩子的爷爷奶奶来家里住，孩子不仅会对老人吆五喝六的，有时还会搞一些过分的恶作剧。因为孩子的无礼行为，我和他爸爸最近没少管教他，但孩子一直都是左耳进右耳出的态度。您说我们应该怎么办才好？

雷老师：请问孩子在对爷爷奶奶做出无礼的行为时，老人是怎样的反应呢？

秋雨凉：爷爷平时比较严肃，所以就会对孩子说教，告诉孩子要尊重老人，学会独立什么的。不过奶奶还是挺宠孩子的，一般情况下都会包容他的不懂事。但如果孩子过分了，她也会批评一下。

解读孩子心理

"爷爷,我想吃冰激凌!快点帮我去买!""妈妈,今天的饭太难吃了,明天能不能做得好吃一点呀!"……这样的情景应该在很多家庭中都出现过吧?想要引导这样的"小霸王"变得有礼貌,我们就要先分析一下他们的问题所在。

1. 孩子试图获得他人关注

孩子心智不够成熟,但又渴望得到大人的关注,于是会通过没礼貌的语言或行为来吸引长辈的注意力。

2. 孩子对长辈有些不满

人无完人,就算是长辈也会犯错,一旦孩子对长辈的某些行为产生了不满情绪,心思简单的他们就会直接体现在交流态度与行为上。

心理老师为你支招

看到孩子做出了失礼的行为时,父母一定没少给孩子"上课",但这样做往往并不奏效,孩子不是依然我行我素,就是充耳不闻。一个讲礼貌、懂尊重的孩子,无论走到哪里都能得到大家的称赞。那我们应该如何培养孩子的社交礼仪呢?大家可以参考一下我总结的以下几招。

1. 父母带头尊重老人

当家中的老人过生日时,父母可以准备一份礼物送给老人,以示尊重;每逢父亲节、母亲节、重阳节、春节等节日，要带头庆祝；平日要多关心一下家中的长辈，多注意一下自己与他人交往时的言行……这一点一滴的"不言之教"，就是对孩子成长的最大助力。当整个家庭的气氛变得温馨又和谐后，孩子会自觉地传承这种家风。

2. 多倾听孩子的心声

平时我们也应该做到对孩子保持尊重、避免打骂，多给予赞美和鼓励。孩子的心情变好后，会变得更加通情达理，无论与谁相处时都会保持几分礼貌。

3. 引导孩子自我反省

如果孩子对其他长辈故意做出了无礼行为，我们首先要替孩子向长辈表达歉意，可以说："孩子给您添麻烦了，谢谢您对他的理解和包容。"

然后，我们应该与孩子共情："爸妈可以理解你的心情，每个人都有冲动的时候。"等孩子的心情平复下来后，再引导孩子进行自我反省。孩子意识到自己的错误后，再带着他们向长辈道歉，请求长辈的原谅。

4. 带孩子参加有教育意义的活动

若孩子的性格比较活泼开朗，喜欢参与社交、表现自己，父母可以带着孩子参加一些"小志愿者"的社会实践，例如慰问孤寡老人、关爱困难老人、去敬老院献爱心等活动。亲身体味到温暖的真情后，孩子自然会变得尊老敬老。

家长反馈

秋雨凉： 雷老师，用了您教我的方法后，我儿子现在和我顶嘴的次数都减少了，真的越来越有礼貌了！

雷老师： 太好了，孩子现在还会挑剔您做的饭吗？

秋雨凉： 真的很少了，一开始孩子在挑剔饭菜的时候我还很生气，觉得父母辛苦为他做了这么多，孩子竟然还这么失礼。后来我想了想，可能是因为他刚上小学，学习压力比较大，所以才会想吃得更好一点吧，于是我们就特意学了一些拿手菜，改进了一下厨艺，也会避免准备他不喜欢的菜。没想到孩子不仅不挑剔我做的饭了，平时也变得更听话了。

雷老师： 哈哈，一家人的心情都变好了！我觉得孩子的学习肯定也会进步的。

第五节　孩子见人不爱打招呼怎么办

空谷幽兰：雷老师您好，我家孩子见什么人都不说话，也不打招呼，真是急死我了。有什么好办法吗？

雷老师：不要着急，您先说说孩子最近有什么表现。

空谷幽兰：是这样的，我家孩子现在读小学四年级，平时就不怎么爱说话。我也没怎么管，觉得可能是孩子的个性如此。但现在他竟然见到亲戚朋友也不说话，人家跟他打招呼他也不理人，就只顾着干自己的事情。您说这多没礼貌啊！

雷老师：您跟孩子沟通过吗？

空谷幽兰：我跟他沟通过好几次了，告诉他不打招呼是不礼貌的行为，有好几次都差点发火，但他憋了半天也只能发出蚊子大点的声音。您说我们该怎么办呢？

解读孩子心理

当家里来了客人，或者我们带着孩子出门，碰到熟悉的人的时候，我们会要求孩子打招呼。但孩子就是不说话，还躲在我们身后不见人。我们可能会觉得尴尬，甚至开始责骂孩子不懂事。但孩子不爱打招呼是有原因的，我分析出了下面三条。

▶ 1. 性格内向

孩子的性格多种多样，有的孩子天生内向，不爱说话和打招呼。但是内向不是缺点，这些孩子更善于独处和思考。有一部分内向的孩子是慢热型的，虽然开始的时候他们会十分抗拒打招呼，但他们在与对方逐渐熟悉之后，也会开始主动打招呼。

▶ 2. 抵触陌生人

孩子对陌生人的抵触其实是一种自我保护机制。他们内心会有一套考察陌生人的规则，会通过一些观察和接触来判断眼前的这个人对自己是否是安全的、友好的，最后再决定要不要放下自己的戒心。所以，孩子初见陌生人不打招呼，也是正常的事情。

▶ 3. 不知道怎么打招呼

站在父母的角度，孩子不打招呼是因为没礼貌；而站在孩子的角度，有可能是孩子根本就不知道怎么打招呼。他们对于打招呼的这个行为没有什么概念，因为没有系统地学过问候礼仪，所以不知道用什么语言比较合适。这个时候，即便父母在一旁催促，孩子也张不开口。

心理老师为你支招

大家都喜欢积极打招呼的孩子，但孩子的行为需要家长积极去引导。如何培养出一个有礼貌、爱打招呼的孩子呢？我为大家提供了以下建议。

1. 降低社交的要求

并不是大声打招呼或者说话才算社交，跟别人有交流或者接触都算社交。我们可以降低对孩子的社交要求，先让孩子融入群体，再慢慢培养孩子打招呼的习惯。让孩子从一些社交的小事开始做起，比如跟别人点头微笑、握手等，或者让孩子观察同龄人是怎么打招呼的，鼓励孩子学习和尝试。

2. 从熟悉的人开始

如果孩子不喜欢跟陌生人、不熟悉的人打招呼，那就先从孩子喜欢的、熟悉的人开始，比如让孩子对比较亲近的亲戚朋友打招呼，或者当孩子对某个人展露出好感的时候，积极地鼓励孩子去跟对方打招呼。

在家的时候，我们和家人之间也要养成互相问候的习惯，给孩子起到言传身教的作用。比如，鼓励孩子跟父母互相道早安和晚安，回家后说"我回来了"，出门时说"我出门了"，等等。

3. 陪孩子练习问候礼仪

（1）教孩子问候礼仪

我们要教孩子一些基本的问候礼仪。在语言上，要求称呼加问候，比如"妈妈，早上好"，在声音上，音量要适当，洪亮但不刺耳；在面部表情上，要保持礼貌微笑，眼睛看着对方；在动作上，可以挥手或拥抱。

（2）带着孩子练习

要让孩子养成打招呼的好习惯，我们必须带着孩子经常练习。父母可以多给孩子创造一些打招呼的情景。孩子在重复多次之后，就会主动开始打招呼了。比如，我们可以带着孩子在小区散步的时候，教孩子跟熟悉的阿姨打招呼；搭乘电梯的时候，向一起乘电梯的邻居打招呼；等等。

家长反馈

空谷幽兰：雷老师，您的方法真的很好用！原来我家孩子见人不吭声，现在竟然会主动跟别人打招呼了。

雷老师：您是怎么做的？

空谷幽兰：孩子刚开始对陌生人很警惕，我们就带着孩子先从身边的人入手。平时我们回爷爷奶奶家都带着他，鼓励他先跟家里人多打招呼。然后我又带着孩子去我的同事、朋友家玩，让他跟叔叔阿姨打招呼。现在他胆子慢慢大了，见人时也逐渐放得开了。周围的人都说我家的孩子是个热情的小太阳，见谁都打招呼。

雷老师：孩子现在正是形成性格的好时候，我们适当地介入会带来不错的效果。您家的孩子以后一定会越来越懂礼貌。

第三章

解读孩子行为背后的心理

第一节　孩子沉迷游戏怎么办

许诺余生：雷老师您好，我家孩子玩游戏上瘾，有什么办法吗？

雷老师：您能具体说说您家孩子的情况吗？

许诺余生：我家孩子今年上六年级了，正是升学的关键时期，但突然就沉迷到游戏里了。他空闲的时候玩，写作业的时候也偷偷玩，作业写上几个小时都写不了多少，一天到晚就盯着手机里的游戏，眼睛都近视了。他现在已经发展到不想学习，也不爱出门了。

雷老师：您采取过什么应对措施吗？

许诺余生：有啊，但就是没有用。我把他的手机藏起来，但是藏到哪里他都能找到。不论是好言相劝还是严厉指责，都无济于事。他现在还嫌我唠叨，我们母子俩的关系越来越差。我现在是真的不知道该怎么办了，雷老师您给支支招吧。

解读孩子心理

网络游戏花样百出,孩子很容易就会沉迷其中。他们在游戏当中乐不思蜀,家长却愁云满面。该如何处理电子游戏和孩子之间的关系,是所有家长共同的烦恼。我认为要想解决好这个问题,就要对症下药。现在,我们一起来分析一下造成孩子沉迷游戏的原因。

1. 社交需要,不得不玩

孩子们在学校里与同学、朋友交流的时候,非常需要共同语言。当大多数同学都在谈论同一款游戏的时候,如果只有自己没玩过,就没办法参与对话,也没办法交到新朋友。孩子为了不被疏远和孤立,只能自己偷偷找时间"恶补"游戏。

2. 更容易获得成就感

现在的很多网络游戏都非常容易上手,而且具有各种回馈机制,设置了各种奖励和成就系统。孩子在玩游戏时,只要通过一个个小关卡,就能获得各种各样的奖励,而且达成了一定的条件后还能获得不同的成就和称号。这些阶段性的收获能够给孩子带来极大的成就感,因此自制力差的孩子就会沉迷其中。

3. 释放压力,逃避现实

现在的孩子在学业和生活上的压力都很大,同时家长和老师对孩子的期望也很高,但孩子对压力的承受能力却没有我们想象中的强。有时候孩子为了找一个压力的宣泄口,会沉迷于轻松有趣的游戏,短暂地忘记学习和生活中的烦恼,把玩游戏当成一种逃避现实的方式。

心理老师为你支招

游戏其实不是什么"洪水猛兽",在我看来,家长先要放平自己的心态,不要急于用强硬的手段禁止孩子玩游戏。我们可以先跟孩子做朋友,再消除孩子的逆反心理,用下面的方法慢慢让孩子不再沉迷于游戏。

1. 停止唠叨,赞成孩子玩游戏

很多孩子都会有不同程度的逆反心理,你越不让他玩,他就越玩。所以,堵不如疏,我们要停止对孩子的抱怨和指责,不要跟孩子站在对立面,以减轻孩子的抵触情绪。

这里说的"赞成孩子玩游戏"并不是容忍孩子无底线地沉迷于游戏,而是把握好孩子玩游戏的度。

我们甚至可以跟孩子站在"统一战线",跟孩子一起玩游戏,先把孩子从沉迷的泥潭中拉出来,再逐渐减少孩子玩游戏的时间。

2. 把孩子的目光从游戏拉到现实生活中来

孩子在生活中找不到乐趣,自然就会沉迷到游戏中去。我们要做的就是给孩子找点事情做,转移玩游戏的注意力,让孩子回归生活,感受生活里的"烟火气息"。

不要剥夺孩子对于家庭的参与感,给孩子一些小任务,比如去超市买瓶酱油,帮忙晾一下衣服,坐在一起择菜。在跟孩子一起处理家庭琐事的时候,我们可以跟孩子坐在一起聊聊学习之外的事情,拉近我们与孩子之间的距离,让孩子找到家庭的归属感,让他明白生活比游戏更重要。

3. 建立奖惩制度,把游戏时间变成奖励

孩子没有自控力,就由我们来帮助孩子培养。不要在所有的时间都禁止玩游

戏，而要跟孩子约定好每天可以玩游戏的时间。但孩子如果想要获得额外的游戏时间，就要完成其他的"小任务"。

这些"小任务"不一定是学习任务，还可以是爱好任务、生活任务、运动任务。这样不仅可以拓展孩子的兴趣，还能提升孩子的自控能力、生活能力和运动能力。

家长反馈

许诺余生：雷老师，您的建议太有用了，我的孩子最近已经不怎么爱玩游戏了。

雷老师：具体有哪些变化呢？

许诺余生：这孩子原来天天抱着手机玩游戏，听了您的话，我才知道是我的想法错了。我以前只是让孩子专注于学习，家里其他的事情都不让孩子沾手，孩子到家除了学习什么也不用干，大概就只能玩游戏了。后来我经常让孩子跑跑腿，给爷爷捏捏肩膀，然后再给孩子奖励游戏时间。孩子得到了大人们的夸奖后，性格上活泼多了。现在孩子不仅主动给家里帮忙，玩游戏的时间也得到了控制。

雷老师：那可真是好现象，希望孩子的自制力以后能越来越强。

第二节　孩子不敢当众表演才艺怎么办

冰葡萄： 雷老师您好，我家孩子不敢上台表演怎么办？

雷老师： 孩子从小就这样吗？

冰葡萄： 他年龄很小的时候还是挺配合的，班里安排了什么表演节目也很乐意参加。现在他上初一，对于当众表演这件事情非常抗拒，好几次都跟我说不敢上台表演。有一天，轮到他上台演讲，他连学校都不想去了，不是这里不舒服就是那里不舒服，就是找借口赖在家里。我问清楚才知道，是因为他不想演讲。

雷老师： 这样看来，孩子确实挺抗拒的。您之后是怎么做的？

冰葡萄： 我其实有点恨铁不成钢，觉得他胆子太小了，得历练一下才行。我鼓励他，甚至逼他克服，但他对当众表演这件事情还是很畏惧。您有什么好办法吗？

解读孩子心理

很多家长可能会很疑惑：为什么孩子私下很愿意练习才艺表演，但就是对上台表演非常抗拒？有些孩子非常讨厌在人多的地方展现自己，甚至一家人聚在一起的时候，他们也很抗拒为大家表演节目。

我们可能会想：孩子是不是胆子太小了，为什么这么不敢表现自己？其实孩子抗拒当众表演有很多原因，我找出了下面几条。

1. 孩子太过在意别人的评价

孩子在成长的过程中会逐渐开始在意外界的评价，希望自己能在其他人面前保持良好的形象。而上台表演有很多不确定因素，孩子担心自己会发挥不好，担心自己上台表演之后得到不好的评价，担心自己会被朋友或者同龄人嘲笑。孩子不想被别人评头论足，就会尽可能地减少展现自己的机会。

2. 孩子上台表演的经验不足

有的孩子勉强答应了上台表演，但毕竟经验还是太少了。他们从来没有站在那么多人的面前演出过，不知道应该用什么样的姿态面对那么多陌生人的眼光，在舞台上没有安全感，出于本能，孩子就会选择抵抗和逃避。

3. 孩子对自己的才能不自信

孩子对自己的才能不自信，或掌握得不熟练，所以会担心自己在表演时发挥不好。或者，孩子在培养才能的过程中一直都没能得到周围人的肯定，父母也没有给予孩子足够的鼓励，导致孩子的自信心不足，不相信自己能把自己的才艺展示好。

心理老师为你支招

只要搞清楚孩子逃避表演的心理,就能找到对应的方法。家长要陪着孩子一起解决问题,让孩子的内心变得更加强大。我总结出了下面的方法,我们一起来试试看吧。

▶ 1. 让孩子对表演"脱敏"

(1) 建立恐惧等级表

针对当众表演,我们先问孩子害怕在别人面前做什么事情,哪些很害怕,哪些没那么害怕。将这些孩子害怕的事情从弱到强划分多个等级,然后列成表格,方便后期的"脱敏"练习。比如,孩子对一些行为的恐惧程度,由弱到强可能为:在亲戚朋友面前表演、在班上演讲、在大礼堂表演。

(2) 想象失误

我们可以跟孩子一起想象表演失败后的场景,列出失败的后果,让孩子知道表演失败其实没有那么可怕。把孩子的关注点从别人的评价转移到自身的失误上,教孩子怎么改进和避免失误,从而减轻孩子的恐惧感。

(3) 用实际行动"脱敏"

根据恐惧等级表上面列的事情,从弱到强慢慢实践,比如让孩子先在爸爸妈妈面前表演,再去爷爷奶奶面前表演、去家庭聚会上表演。观众从少到多,从熟悉到不熟悉,循序渐进。在孩子每次表演完之后,我们要及时鼓励,让孩子重新建立自信。

▶ 2. 陪孩子做足准备

孩子一个人准备表演的时候情绪可能会不稳定,所以我们要陪着孩子一起准备,减轻孩子的不安感。充足的准备是消除紧张和恐惧情绪的前提,我们可

第三章：解读孩子行为背后的心理

以带着孩子做多次的模拟练习。熟悉了表演套路之后，孩子就不会害怕了。

我们还可以跟孩子一起把他的创意融入表演中去，让孩子对自己的表演充满骄傲和自信。这样一来，他就会更愿意参与到表演中。

家长反馈

冰葡萄：雷老师，您的"脱敏"方法真的很好用，我儿子现在对上台表演已经没有那么抵触了。

雷老师：谢谢您的认可，您方便分享一下您具体是怎么做的吗？

冰葡萄：我用了您的方法，让孩子循序渐进地接受当众表演。孩子就是对别人的目光太敏感了，被人看着就不知道怎么做了。我就让他慢慢"脱敏"。每次孩子从舞蹈班回来，我会让他先在我面前表演一小段，然后再逐渐增加看他表演的人数。而且，每次表演之前，我都会陪着孩子彩排，让他做好充足的准备，这样孩子就没有以前那么怯场了。

雷老师：孩子能有这样的改变真是令人欣慰，我相信他以后站上舞台时会更加自信大方。

第三节　不买玩具孩子就撒泼打滚怎么办

安静看雪：雷老师您好，我家孩子一逛街就盯着玩具看，看到想买的就撒泼打滚一定要买到。您说我该怎么办啊？

雷老师：他每次逛街都这样吗？

安静看雪：对，他特别以自我为中心，只要是看中的玩具，不买到就不罢休。好几次他的声音都特别大，周围都没人敢往我这边走，搞得我特别尴尬。

雷老师：您尝试过制止他这种撒泼打滚的行为吗？

安静看雪：我刚开始也跟他讲道理，说家里有类似的玩具，不用再买了，但是他就是不听，之后就开始赖在地上打滚。我也想过不理他，就看着他撒泼打滚，但是他在人家店里这样闹我也很不好意思，只能每次都妥协。您有什么好方法吗？

解读孩子心理

尽管家里已经有很多玩具了,但孩子看见新玩具还是挪不动脚。出门在外不好教训孩子,如果我们不给买,孩子就会原地撒泼,这让我们非常头疼。孩子总是要买玩具,到底背后有什么原因?我在这里先给大家分析一下。

1. 孩子也会看眼色行事

孩子想要玩具,他可能也知道父母不会买,但是他会试探父母的底线。如果父母不堪忍受孩子的哭闹,然后妥协买下玩具,孩子就会认为只要哭闹就能得到想要的东西,慢慢养成每次出门都要买玩具的习惯,因为他知道父母最后一定会答应。

2. 父母不买玩具的理由太敷衍

有时候父母认为玩具太贵了,舍不得买,但又不想跟孩子说真实的原因,就找各种理由敷衍,比如家里已经有了、玩具不好玩等。孩子感觉到父母在敷衍自己,就会觉得自己想买玩具的要求是正当的,父母反而成了不讲理的那一方。父母越不真诚,孩子想买玩具的心理就会越强烈。

3. 孩子的需求得不到满足

孩子总是想要玩具可能并不是因为玩具好玩,而是因为自己想要父母陪伴的需求得不到满足,只能用玩具来替代。有些父母虽然出于补偿心理总答应孩子买玩具的要求,但是实际问题并没有解决,孩子仍然没有得到父母真正的关注,那孩子这种买玩具的需求就会只增不减。

心理老师为你支招

面对孩子索要玩具时的无理取闹，最重要的就是家长的态度。家长们不能一味地冷眼旁观，也不能粗暴地批评。究竟该怎么做呢？跟我来看看下面的解决方法。

1. 坚持规则的底线

不能让规则变成摆设。在出门之前跟孩子商量好规则，如果说好不买玩具，或者只买一个玩具，就要坚持这个规则。如果孩子仍然闹着要玩具，家长可以先跟孩子讲道理，不听就立刻"打道回府"，让孩子明白规则不能随便打破，不守规则是需要承担后果的。

家里如果人比较多，出门逛街之前要保持口径统一。如果妈妈不买，但是爸爸买、爷爷买，孩子就会认为有"保护伞"可以依靠，再怎么立规则都无济于事。

2. 培养孩子延迟满足的能力

推迟满足孩子买玩具的要求，告诉孩子胡闹是不会得到玩具的。跟孩子做一个约定，即如果这次不买玩具，下次父母就会给孩子买更好的玩具。

但延迟满足不是找借口哄骗孩子，而是要真正地履行家长跟孩子之间的约定。多实践几次，孩子就会知道哭闹得不到玩具，但是花费耐心和努力是可以得到玩具的。

3. 矛盾转移，让孩子用自己的钱买玩具。

答应孩子可以买玩具，但是要用他自己的零花钱。在出门前交给孩子他可以掌控的"逛街资金"，让他自己决定怎么花，告诉他自己想要的东西要自己

第三章：解读孩子行为背后的心理

买。把孩子跟家长之间的矛盾，变成孩子跟零花钱之间的矛盾。这样既能让孩子学着规划钱财，又能培养孩子量入为出的消费习惯，减少无理取闹。

家长反馈

安静看雪：雷老师您好，我在您这里学了一个好方法，孩子出去再也不会撒泼打滚了。

雷老师：谢谢您的反馈，现在孩子出去逛街表现怎么样呢？

安静看雪：我家孩子特别喜欢娃娃，每次出门都要买，不买就闹，可家里都快堆不下了。后来我跟您学着让孩子用自己的"购物金"买东西。我每次带他出去逛街都会给他二十元钱，他想买的东西让他自己付钱，如果这次的"购物金"没有花完，还能累积到下一次。这样孩子不仅能自己做主买什么，还能培养他规划金钱的能力。如果想买贵一点的东西，孩子多攒几次钱就可以了。

雷老师：我很为您孩子的变化高兴，这样孩子不仅能获得快乐，用钱也更加理性了。

第四节　孩子不愿意竞选班干部怎么办

橘子汽水：雷老师，我家孩子总是不愿意去竞选班干部，我真替他着急。我该怎么办？

雷老师：您有问过他为什么不愿意竞选班干部吗？

橘子汽水：他说嫌麻烦，而且觉得自己肯定选不上，就不想参加竞选了。我朋友的孩子都在班里当班干部，而且都做得挺好的。这种能锻炼自己能力的机会他怎么就抓不住呢？

雷老师：那您后来是怎么做的？

橘子汽水：我就想让他尝试一下，竞选班干部也不是什么很可怕的事情，但他就是不听我的，说什么都不肯，我真的气得不行。您有什么方法能帮我劝劝孩子吗？

第三章：解读孩子行为背后的心理

解读孩子心理

在父母的眼里，孩子能在班上当上一个班干部是一件非常值得高兴的事，既有面子，又能培养孩子的责任感。但有的孩子就是不愿意参与竞选，对当班干部这件事情非常抗拒，而且我们越劝，孩子就越抗拒。孩子到底为什么不愿意竞选班干部呢？看看下面这几条原因吧。

▶ 1. 嫌麻烦

在孩子看来，班干部经常要去老师的办公室，帮老师处理各种班级内的相关事务。而且，相较于普通同学，老师对班干部的要求更严格，比如成绩必须保持好，各种事情都要带头去做，上课要积极发言，还要带头做好班级的卫生，等等。这些事情对于喜欢自由的孩子来说是负担和麻烦，他们自然就不情愿当班干部。

▶ 2. 害怕影响人际关系

老师提出的某些要求通常需要班干部准确传达给同学，还要强制执行。面对同学和老师的双重压力，班干部只能硬着头皮做，甚至有些吃力不讨好。还有的同学会把班干部看成是老师的"小间谍"，认为班干部总是跟老师打报告。所以，很多孩子觉得作为班干部很难跟同学相处融洽，担心选上班干部就交不到更多朋友了。

▶ 3. 觉得自己肯定选不上

有的孩子是有竞选班干部的期待的，但是对自己的能力不够自信，也不敢去尝试。他们觉得自己肯定选不上，就算选上了也觉得自己没有这个能力带领好班集体，怕自己根本就不能服众，辜负了老师的期待。

还有一些孩子，平时被父母"泼冷水"泼惯了，总是被动接受"我不行"

的想法，所以不相信自己能够选上班干部。

心理老师为你支招

竞选班干部还是要以孩子的意愿为先，所以我们来看看下面这些正确的做法。

1. 不要给孩子压力

孩子对自己的水平会有自己的判断，如果强行让孩子参与竞选，可能会给孩子当班干部这个行为笼罩上一层阴影。

不能让孩子只看到当班干部的负面影响，我们可以多站在孩子的角度说一下当班干部的好处，如可以提高社交能力，跟班上从来没说过话的同学也能有交流的机会；可以提高管理能力，以后约小伙伴出来聚会就更容易了；可以提高学习成绩，有更多机会找老师问问题；等等。

2. 支持孩子的选择

父母的支持其实对孩子来说非常重要。有些事情孩子可能确实做不到，但如果得到了父母的支持，他们也许就会爆发潜能，做到之前从来没做到过的事情。

父母不仅要尊重孩子的选择，还要支持孩子的选择。从日常的小事上开始，比如孩子想挑战自己做一顿饭，父母不要一边答应孩子，一边又把锅铲拿回自己手上，而应该让孩子放手去做。竞选班干部也一样，对孩子的选择表示支持和赞成，让孩子多尝试，告诉他们就算竞选失败也没关系。

3. 鼓励孩子参与集体活动

孩子对当班干部的抗拒都存在于想象之中，我们可以鼓励孩子去体验一下。

第三章：解读孩子行为背后的心理

孩子如果不想竞选班干部我们也不要强求，可以鼓励孩子跟着班干部做一些力所能及的事情，比如帮组长收收作业、帮班长布置任务。这样既能让孩子感受到班干部的责任感，还能为集体做一些贡献。没准儿接触多了，孩子下一次就想参与竞选了。

家长反馈

橘子汽水： 雷老师，您的方法真的对孩子很有效果，孩子已经答应我去试试参加班干部的竞选了。

雷老师： 孩子愿意多尝试是好事，您具体是怎么做的？

橘子汽水： 我以为孩子只是不敢参加竞选，但经过雷老师的分析，我知道了孩子不想参加竞选居然有这么多原因。之后我也跟孩子好好谈了谈，他确实觉得自己选上的可能性不大，所以不想上去丢那个脸。我就鼓励他选不上也没关系，只要有为班级服务的心就好，这次就当作是彩排，下次还能继续参加竞选。我还让孩子帮班长分担了一些事务。后来他还因为总帮助别人，跟同学的关系也好了起来，对自己下次竞选充满了信心。

雷老师： 这是好现象，祝孩子下次竞选班干部成功！

第五节　孩子为了减肥不吃饭怎么办

逆光飞行：雷老师您好，我家孩子最近沉迷于减肥，吃得特别少。我该怎么办？

雷老师：您能详细说说孩子减肥的行为吗？

逆光飞行：我家孩子最近对自己的身材非常不满意，总跟我说她很胖，每天不是照镜子就是称体重，成天唉声叹气的。她不知在哪里学会的节食减肥，觉得不吃饭就能很快瘦下去。她每天就吃一点水煮的蔬菜，晚饭甚至都不吃。她现在还在发育，我真的很担心她营养跟不上。

雷老师：您尝试过制止她节食减肥的行为吗？

逆光飞行：我尝试了很多方法，刚开始也是跟她讲道理，但她不听。之后我就让她必须吃完饭才能下桌，可她居然吃完饭偷偷去厕所催吐。我实在是没办法了。雷老师您帮帮我吧，我不想让孩子再伤害自己的身体了。

解读孩子心理

不仅大人热衷于减肥，这股减肥的风也刮到了孩子身上。有的孩子其实并不胖，但总是闷闷不乐，在家吃得很少，甚至为了减肥一口都不吃。父母对孩子这种任性的行为感到很生气，但孩子却不听父母的话。为什么孩子这么热衷于减肥呢？我归纳出以下两个原因。

1. 身材焦虑

受各种外界因素的影响，现在大部分孩子都在追求苗条的身材，同学之间互相比较身材的现象也比较多，这就导致身材不好的孩子内心难免产生焦虑情绪。比如，孩子周围有同学身材比较好，还总是拿孩子的身材开玩笑，甚至还对孩子进行贬低和嘲笑。这会让孩子对自己的身材产生深深的自卑，导致他们会为了减肥而疯狂节食。

2. 神经性厌食

孩子在成长的过程中，心理会发生很多变化。特别是到了青春期，他们会变得心思敏感，很在意自己外貌的变化。这可能导致孩子从试探性节食，变成神经性厌食。孩子为了瘦下来，会使用各种方法严格控制自己的饮食，回避吃饭的行为，甚至否认自己已经消瘦的身形，固执地认为自己依然很胖。

心理老师为你支招

盲目的节食减肥对孩子的身体会造成非常大的伤害，特别是现在孩子还在长身体，长期少食会造成营养不良，影响孩子发育。我总结了下面两个应对方式，父母们可以跟孩子一起尝试一下。

1. 帮助孩子树立正确的身体印象

跟孩子解释身材的变化也会受成长或者青春期的影响，让孩子知道他的身材在正常的范围内，帮他对自己的身材树立一个积极的印象。

坐下来跟孩子好好谈谈，搞清楚孩子为什么总觉得自己胖。不要只讨论孩子的胖瘦问题，多问问孩子对自己身体的哪个部位比较满意。同时，我们也要多夸夸孩子，让孩子明白好的身材不止一种，帮孩子重新建立对自己身体的自信。

2. 教孩子健康减肥的方法

如果孩子确实深受肥胖的困扰，我们可以适当介入，陪孩子一起用健康的方式减肥。

（1）健康饮食

给孩子做健康好吃的减脂餐，让孩子知道既可以吃好饭，也可以正常减掉脂肪。保证孩子每天的饮食中有足够的优质蛋白，比如豆制品、鸡肉、鸭肉、鱼肉、牛肉等，搭配时令蔬菜，不要采用高油高糖的烹饪方法，主食则可以多食用一些粗粮。

（2）合适的锻炼

找一些轻松且有趣的锻炼方法，比如跳绳、转呼啦圈、踢毽子等。我们也要陪着孩子一起锻炼，增加孩子的积极性。让孩子每天锻炼半个小时到一个小时就够了，也可以根据孩子的实际接受程度来调整。

（3）调整生活方式

保证孩子有充足的睡眠，这有助于加速身体的新陈代谢。保证孩子适量饮水，以白开水为主，每天饮用 800～1400 毫升。让孩子不喝或者少喝含糖量高的饮料，特别是奶茶。晚饭前后以及睡前一小时，不要让孩子吃零食，而且平时也要让孩子少吃油和糖含量很高的零食。

第三章：解读孩子行为背后的心理

家长反馈

逆光飞行：雷老师，您提供的健康减肥的方法真的很好用。现在孩子吃得健康，也不会拒绝吃饭了。

雷老师：能帮到孩子就好，现在孩子身体状况怎么样？

逆光飞行：孩子现在身体很好，吃饭也比之前积极多了。她之前有很严重的身材焦虑。我慢慢引导她，告诉她一个人的身材并不能定义一个人的形象。而且后来我陪孩子一起健康饮食和规律运动，她慢慢对自己的身体有了新的认识。现在孩子心态好了，吃得也多了。

雷老师：我很高兴孩子能正确看待自己的身材，毕竟健康才是第一位的。我相信孩子肯定能逐渐将心态调整过来。

第六节　孩子爱打扮怎么办

不了了之09：雷老师，您好，方便请教您一个问题吗？

雷老师：家长您好，请问您遇到什么问题了？

不了了之09：我女儿今年9岁了，从小就心思比较成熟，喜欢做一些大人做的事情，比如化妆打扮、看偶像剧之类的。一开始我们会时不时地提醒她要好好学习，不要整天想着大人应该干的事，但是最近她还有些变本加厉了，每天回家后的第一件事情就是准备第二天去学校要穿的衣服，甚至连作业都不想写了。要怎么做才能让她把心思放在学习上呢？

雷老师：孩子身边的同学有没有也喜欢打扮的呢？

不了了之09：确实有两三个同学也喜欢打扮，而且孩子平时和她们的关系也挺好的。我只是希望她们可以多关注一下学业。

解读孩子心理

不少家长发现，自己的孩子虽然年纪不大，心思却常放在穿衣打扮上，比如总是花大把的时间来思考明天要梳什么样的发型、穿什么样的衣服去学校，甚至连头饰也要精心设计，留给学习的时间自然少得可怜。其实，孩子总把心思放在打扮上无外乎以下几个原因。

1. 从众或攀比心理

一些孩子看到身边的人，甚至是影视明星，打扮得光鲜亮丽时，自己也会不甘示弱。另一种可能是为了融入群体，避免被排斥，也开始学习这种行为。

2. 孩子早熟

有的孩子比较早熟，很小的时候就对异性产生朦胧的好感，同时也会用梳妆打扮来吸引异性的注意。

3. 孩子对自己的外貌不自信

还有一小部分孩子对自己的外表总有这样或那样的不满，于是想通过打扮来掩盖自己的不足。

心理老师为你支招

父母发现孩子萌发了对个人形象的管理意识时，不必进行过度阻拦，因为这意味着孩子的精神世界开始走向成熟了。同时，我们也应该对孩子追求美的权利给予尊重。但如果孩子对于外表过分执着，导致影响到了正常生活和学习时，父母就有必要引导一下孩子了。我们可以采取以下方法来培养孩子正确的审美观。

▶ 1. 引导孩子"内外兼修"

当孩子向我们倾诉觉得自己不够好看时，我们先让孩子在心中依次做出这样的两个选择：一是选择出孩子认为外表最好看的人，二是选择出从今以后唯一和孩子交往的人。

如果这两个选择不一样，我们就可以继续引导孩子："外表就像包裹糖果的纸，糖果的味道就是我们的内在。或许漂亮的糖纸会在短时间内迅速吸引很多人的关注，但如果糖果并不美味，还是不能受到大家真正的欢迎。也就是说，想要获得别人发自内心的认可，得体的外表很重要，但丰富的内涵更是必不可少的，正如你刚刚的选择。"听到这样的一番话后，孩子可能会恍然大悟：原来决定一个人是否能受到大家欢迎的因素并不是外表，而是内在。

最后，我们也可以为孩子普及一下长相与内在之间的联系："其实，我们的长相和内在并不是毫无关联的，有内涵的人不一定长相惊艳，但往往会给人一种气质高雅的感觉。所以，想要让自己的长相更舒适耐看，可以先从改变我们的内在开始。一旦内在得以提升了，长相自然就变得更有吸引力了，这就是所谓的'相由心生'。还有一点是，可能我们会觉得打扮得越好看，别人就越会赞美自己，但其实大家对我们的称赞远远没有我们想象中的多，因为大多数人都希望自己是最有吸引力的那个人。

"总之，如果我们想让别人认可自己，最好的方法就是学会善待所有人，因为善待别人就代表着我们认可别人，认可别人的话别人也会同样认可我们。然而，学会善待别人和提升自己的内涵又是一回事，于是我们又回到了开头的'内外兼修'。"

第三章：解读孩子行为背后的心理

2. 让孩子学习伟人的美

父母还可以让孩子了解一些闻名中外的伟人，同时告诉孩子："许多伟人的外表或许只是整洁朴素，并没有过多华丽的修饰，但他们依靠内涵对人类做出的贡献，却是最能震撼人心的，也是让人们愿意用一生去歌颂的。"

家长反馈

不了了之09：雷老师，自从对我女儿表达了您对"美"的看法后，她现在都开始注重培养自己的内涵了。十分感谢您！

雷老师：您客气了，孩子现在还会过度打扮吗？

不了了之09：真的很少了，她说忽然发现自己之前的打扮有点不符合学生的气质，还说以前太看重外表了，现在要"内外兼修"。虽然在周末的时候，她还是会在家举行一场"私人时装秀"，不过我们也发现，她有了一种想要努力学习的念头，最近不仅写作业的态度认真了一些，连小脾气都收敛了一些，还将身边的一个成绩好且有涵养的同学当作自己的榜样。

雷老师：孩子真的太棒啦，为她点赞！

第七节　老大总是欺负老二怎么办

逆风的小菊：老师，我去年刚生了二胎，本来照顾两个娃就已经让我和孩子爸爸精疲力竭了，没想到哥哥还变得更调皮了，不但不懂得帮助父母照顾弟弟，还总是欺负老二，这可怎么办才好呢？

雷老师：家长好，请问哥哥今年多大了？自从弟弟出生后，哥哥的情绪变化大吗？

逆风的小菊：哥哥今年5岁了。自从弟弟出生后，可能是我和他爸爸平时对老二的关照多了一些，哥哥确实经常会有点郁闷。

雷老师：那哥哥具体是怎样欺负弟弟的呢？

逆风的小菊：每次让哥哥帮忙照看一下弟弟的时候，他都十分不情愿。有时会把弟弟的玩具藏起来，心情不好的时候还会倒掉给弟弟刚冲好的奶。为此，我们经常管教哥哥，可他对弟弟的态度还是比较差。

解读孩子心理

"妈妈，刚才哥哥推了我一下！""爸爸，姐姐又把我的玩具抢走了！"相信许多二孩家庭的父母都没少听到类似的话。生下老二的初衷原本是不希望老大孤独地成长，顺便也能培养一下老大的责任感。可是谁能想到，老二的出生反而成了老大痛苦的源泉，于是，老大欺负老二便成了家常便饭。想要让两个孩子和睦相处，首先我们要了解一下老大的心理。

▶ 1. 老大觉得很委屈

在老大眼中，明明之前可以自己独享的东西，如今都要被老二"抢"走一半，甚至更多。当看到自己的地位大不如以前时，老大的内心充满了委屈。

▶ 2. 老大要对老二"复仇"

有一些人小鬼大的老二，会仗着自己年龄小就常常欺负老大。但是老大怎会轻易地原谅老二的任性呢，在等到合适的机会后，老大就会对老二进行"反击"。

▶ 3. 老大对父母的差别对待感到气愤

在两个孩子爆发冲突时，一些父母会习惯性地偏袒老二。比如，父母经常不假思索地告诉老大，要把仅剩一份的零食让给老二吃。因此，常常感到不公平的老大，会通过欺负老二来平衡自己的内心。

心理老师为你支招

其实，想要让老大生出对老二的爱护之心，关键就在于一定要让老大的内心有较强的满足感和安全感，也就是让老大的心情变好。因此，父母可以试一试以下方法。

1. 同时考虑两个孩子的感受

不管父母在生活中为两个孩子做任何事情，即便只有一方需要，另一方压根儿不需要，父母也不应该对不需要的一方不闻不问。要记得同时观察两个孩子的情绪波动，尽量让他们都满意。

例如，在喂老二吃辅食时，如果观察到老大的心情有所变化，无论老大是表示感兴趣还是产生了嫉妒之情，父母都应该满足一下老大的需求：分给老大一些想吃的辅食，或是给老大买他想吃的其他食物。只有让老大和老二事事都顺心、处处都满意，孩子们才会用和平的心态去相处，也就不会因不平衡的心理而产生矛盾了。

2. 引导老大与老二共情

当老大问我们要老二有什么好的时，父母可以趁机通过沟通让老大进一步接受老二："也许你觉得弟弟/妹妹抢走了你一半的生活，但是，你却比弟弟/妹妹多独享了好几年父母的一切关爱。弟弟/妹妹从一出生最多只能得到父母一半精力的照顾，在家中还是年龄最小的、最没有能力的，比你活得'艰难'多了。"

3. 给老大讲讲有老二的好处

当老大意识到老二并没有他想象中的幸福后，我们可以继续对老大说："你也许不知道，其他小伙伴都会很羡慕你，因为你随时都有一个很好的玩伴，和一个在遇到困难时可以互帮互助的兄弟姐妹。虽然你们两个人偶尔会闹得不愉快，但

第三章：解读孩子行为背后的心理

根本不用担心，因为父母会帮助你们和好如初，让你们一起快乐地成长。同时，你也会比那些独生子女多了一份与兄弟姐妹朝夕相处的经验，因此会比别人更懂事，更会关爱别人，大家一定会更喜欢你的。这么一想，有个弟弟/妹妹是不是挺好啊？"

家长反馈

逆风的小菊：雷老师，非常感谢您！用了您的方法后，我们家的两兄弟的关系真的好多了，甚至有时还会互相照顾呢。

雷老师：别客气，听您这么说我真是太开心了。兄弟俩现在是不是也不会经常闹矛盾了？

逆风的小菊：闹矛盾的次数减少了一大半呢。因为我和孩子的爸爸也反思了，之前兄弟俩吵架后，我们确实有点习惯于偏袒弟弟，而忽略了哥哥的心情。不过现在我们在做任何事情时，都会同时考虑两个孩子的想法，并满足他们的愿望，所以他们也很少会不开心了。

雷老师：看到孩子进步的同时，我们做父母的也在进步，真是太好了。

第八节 孩子不懂得体谅父母怎么办

半岛弥音： 雷老师好！有一个问题想咨询您：我觉得我儿子一点也不懂得体谅父母，要怎样才能让他学会感恩呢？

雷老师： 家长好，可以具体描述一下孩子的情况吗？

半岛弥音： 孩子今年上三年级了，我是一位全职家庭主妇，基本上每天都会把孩子照顾得无微不至，像什么做饭、洗衣服、打扫房间……只要能帮孩子做的我全都会主动做完。但孩子念书不用功就不说了，竟然还会和我顶嘴、吵架。他这么叛逆以后可怎么办？

雷老师： 那您和孩子的父亲对孩子平时的说教多吗？

半岛弥音： 我觉得还是不少的，毕竟他成绩不好还不听话，不多说教一些怎么行？您说是吧？

解读孩子心理

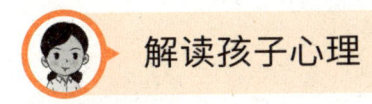

曾有很多父母都这样向我诉苦：自己每天都任劳任怨地为孩子洗衣做饭、整理房间，但孩子却将这些辛苦付出视作理所应当，从来不懂得感恩父母，甚至在父母没有及时照顾他们时，还会产生抱怨的心理。造成孩子不懂得体贴父母的原因，主要包括以下几种。

1. 过分的溺爱让孩子习惯以自我为中心

一些家长在生活中溺爱子女，不管孩子有没有开口向外界寻求过帮助，他们都会大包大揽，默默地承担下所有应该由孩子独立完成的事情。久而久之，孩子就会认为这些事情是父母应该做的，忘记了那些其实都是自己的事。

2. 优越的生活条件让孩子低估了父母的恩情

如今，大多数孩子对优越的生活条件早已习以为常，比如想要一件新衣服或是新玩具简直易如反掌。父母太轻易满足孩子的需求，孩子就会低估这份恩情的价值，觉得父母对自己的照顾就是一件微不足道的小事，并没有多么值得珍惜。

3. 孩子觉得父母不够爱自己

也许，我们在孩子的日常起居方面照顾得很到位，但孩子最喜欢的，是父母对自己的认可和鼓励；也许，我们平时喜欢给孩子很多的零用钱，但孩子最想要的，却是让父母放下忙碌的工作，好好陪自己吃一顿饭……父母在孩子最在意的地方"缺席"，会让孩子觉得父母对自己的爱不够，也就不会产生体谅父母的心。

心理老师为你支招

孩子的体贴,是家庭中温暖的源泉,也是父母一生的幸福。为了帮助大家消除孩子不懂得体贴的烦恼,我总结了以下几种方法。

1. 利用传统节日教孩子体贴

我们可以通过以身作则,利用各种传统节日让孩子学会体贴,例如:在父亲节、母亲节时,带头为家中的老人送上一份礼物;在教师节时,主动去看望曾经的恩师;在春节时,将压岁钱交给孩子自己妥善保管,让他们借此学会珍惜和感谢长辈的情意。

2. 对孩子给予的帮助表示感谢

当孩子帮助自己时,父母要主动向孩子表达谢意,这样一方面能够肯定孩子的行为,另一方面也能让孩子亲身体会到被感恩的快乐。

3. 让孩子学会自己的事情自己做

面对生活琐事与学习任务,父母要给足孩子独立处理的空间。若孩子没有开口向父母寻求帮助,我们只需做好监护人的角色,不要过度操心,更不要替孩子完成。慢慢地,孩子就会在独立做事的过程中体会到家长的不易。

4. 与孩子"角色互换"

我们可以与孩子体验一天"亲子互换",让孩子作为家长,承担起父母平时要做的那些事,例如洗几件衣服、扫扫地、做顿简单的早饭等。体验结束后,孩子就能亲身体会到家长的不容易,也能更好地体谅父母。

第三章：解读孩子行为背后的心理

家长反馈

半岛弥音：雷老师，您的建议真好用啊！前天不是母亲节吗，我买了些礼物带着孩子回了趟姥姥家。结果孩子昨天放学后，用自己的零用钱请我喝了一杯奶茶，还送了我几支康乃馨，哈哈。

雷老师：哈哈，真是太好了！那孩子现在还会和父母顶嘴吗？

半岛弥音：顶嘴的次数真的减少了。主要是我也想了想，虽然自己以前每天都为孩子洗衣做饭、打扫房间什么的，但是对他的严厉批评确实也不少，更不用说表扬孩子什么的了。也许正是因为这一点，孩子才不愿意体贴我吧。从那以后，我就尽量用温和的态度和孩子交流了。

雷老师：有您这样细心体贴的家长做榜样，整个家庭都会更幸福的！

第四章

解读孩子的情绪心理

第一节　孩子说"不想活了"怎么办

丹青：您好，雷老师，我家孩子最近总跟我说他不想活了，他是不是抑郁了啊？

雷老师：他有什么特别的表现吗？

丹青：这孩子上初一了，原来还是挺阳光的，最近总感觉他无精打采，眼睛看起来很麻木，干什么都提不起劲儿，说话也总是有气无力的，我还看到他手腕上有些疤痕……我真的很担心他得了抑郁症。

雷老师：您尝试过跟他谈谈吗？

丹青：有啊，我想把他这种心态矫正过来，但我多说他两句，他就大喊大叫，还跟我说他不如死了算了。我现在干什么都小心翼翼，生怕又触到他哪根脆弱的神经。您说这该怎么办啊？帮我想想办法吧！

解读孩子心理

现在有越来越多的孩子患上抑郁症，因此孩子的心理问题也逐渐引起了我们的重视。孩子把"不想活了"挂在嘴边，我们不能当作玩笑忽略，而是要弄明白孩子为什么会这样，只有找到原因才能采取措施。下面是我找到的原因，我们一起来看看。

1. 孩子得不到肯定与鼓励，情绪消极

孩子只要犯了一点小错误或者成绩下滑了一点，有些父母就会对孩子进行批评教育，甚至打骂孩子。这种行为极其伤害孩子的自尊心。有些孩子就算取得了好成绩，也得不到父母的认可，他们可能只会说孩子仍然有进步的空间。

父母对孩子只有否定，没有肯定。孩子长期接受这种否定式教育，找不到自己的价值，就容易产生抑郁情绪，甚至轻生。

2. 长时间生活在紧张的家庭氛围中，心理抑郁

父母之间的关系其实也会影响孩子的情绪：父母如果吵架，孩子容易精神焦虑；父母如果冷战，孩子容易精神紧张。如果家庭成员之间一直处于这种紧张的关系之中，孩子的内心也会一直压抑，从而产生抑郁情绪。

儿童或者青少年的抑郁症跟父母的婚姻破裂有明显的关系，特别是父母离异或者父母分居。家庭关系的破裂会对孩子产生很大的影响。

3. 抗压能力低

有些孩子长期被父母保护得很好，没有经历过很大的挫折。这就导致面对突如其来的困境或者承受范围之外的事情，他们没有解决问题的能力，也没有强大的抗压力。这样孩子就会陷入怀疑自我的境地，严重一点还会感到绝望和抑郁。

比如，孩子考试成绩怎么也提不上去，怎么努力也交不到好朋友，等等。孩子成长过程中的敏感和脆弱的内心，导致孩子在遭受困难之后会有选择轻生的可能性。

心理老师为你支招

抑郁症不是单纯的情绪问题，我们要正确看待抑郁症，除了在情感上给予孩子支持，还要带孩子去接受正规的治疗。孩子得了抑郁症到底该怎么办？下面是我总结出来的一些方法。

1. 及时排解不良情绪

（1）深度沟通

负面情绪如果不能及时排解，孩子就可能由情绪郁闷转变为抑郁，所以我们要多注意孩子的情绪变化。如果孩子对我们说"不想活了"，不要追问孩子为什么，也不要站在自己的角度给孩子讲道理，而要切实地跟孩子共情。

问问孩子最近发生了什么事情，如果是我们自身的问题，就及时解决，并告诉孩子我们永远都会陪伴在他身边。

（2）定期锻炼

有研究表明，定期锻炼有利于减轻抑郁情绪，缓解各种压力。我们可以跟孩子一起运动，在运动的时候跟孩子谈谈心。至于要做的运动，不需要强度很大，经常去公园散步也可以。

2. 寻求专业的帮助

有些时候我们不能只想着消除孩子的抑郁情绪，还要看看孩子是否有抑郁症的表现。如果孩子的情绪持续低落，对所有事情都不感兴趣，甚至出现失眠、掉发、自残等现象，就要及时就医，寻求专业人士的帮助。

切记，在带孩子参与治疗之前，我们要询问孩子的意愿，不能强行带孩子去。我们要尽量给孩子找一个合适的精神科医生或者心理咨询师。

家长反馈

丹青：我是特地来感谢雷老师的，是您的分析和建议帮我把孩子从抑郁的坑里拉了出来。

雷老师：客气了，最近孩子的心理状态怎么样？

丹青：孩子最近好多了，不会总想着轻生了，偶尔还能跟我开开玩笑。之前我不懂孩子为什么会这样，经过您的分析，我发现自己的家庭确实存在一些问题，给孩子的压力太大了。我之后就跟孩子好好谈了一下，表示我们会永远支持他，会陪他度过这段艰难的时期。我还陪着孩子一起去做了心理咨询。得到了专业的帮助之后，孩子现在越来越好了。

雷老师：真的很替你高兴，父母的陪伴是很重要的，相信孩子一定能重新回到以前健康的状态。

第二节　孩子害怕上课发言怎么办

阁楼听雨：雷老师您好，我家孩子上课时不敢举手回答问题怎么办？

雷老师：孩子一直就这样吗？您先说说孩子的具体情况吧。

阁楼听雨：他平时就不太喜欢表达自己的观点，上课的时候表现也不积极。老师跟我反映，孩子上课从来都不举手。每次老师提问的时候，他都趴在桌上。我问孩子为什么上课不举手回答问题，他跟我说不敢，怕回答错误。我看孩子平时在家里学习都挺认真的，老师提的问题也不是很难，不知道孩子为什么会这样。

雷老师：我了解了，那您有尝试跟他沟通一下吗？

阁楼听雨：我总对孩子说回答错误也没关系，但孩子不相信，觉得答错肯定很丢脸，而他不想被别人笑话。我劝了孩子很多次都没有效果。雷老师，您帮我想想办法吧。

解读孩子心理

每次老师在课堂上提问,自己家的孩子总是缩在位置上,低头假装看书,不敢跟老师交流,更不敢举手回答问题。我们为此愁坏了,总是担心孩子在课堂上没有被老师关注到,也担心孩子养成畏缩胆小的性格。

孩子为什么不敢举手回答问题呢?我们一起来试着分析一下原因吧。

▶ 1. 不想被别人认为自己"爱出风头"

孩子有很强的自尊心,很在意课堂上同学们对自己的评价;而且,孩子从父母和其他长辈那里接受的传统教育就是做人要低调,所以孩子会害怕举手回答问题,因为自己举手太积极,有可能会被其他同学认为是在"出风头"。孩子不想被别人指指点点,所以就选择不举手,尽可能地降低自己的存在感。

▶ 2. 害怕回答错误

有的孩子虽然能回答出来问题,但对自己的答案没有十足的把握。孩子脸皮薄,想维护自己的形象,担心如果回答错了老师会批评自己,同学会看不起自己、嘲笑自己。既然回答问题有风险,孩子也就只能放弃举手了。

▶ 3. 害怕老师忽视自己

举手的人很多,但老师不可能叫所有人都回答问题。老师有时候会更加偏爱那些学习好的学生,经常让那些人回答问题。孩子担心,如果自己好不容易举了手,老师却不叫自己回答问题,最后只能尴尬收场。

▶ 4. 表达欲望被打击

有的家长不允许孩子说出错误的观点或者是不同的观点,只要孩子说的有一点不对，就开始责骂孩子。这就造成了孩子不敢说也不想说。就算孩子知道回答错误也没关系，但是长期的打压会让他很难迈出那一步。

心理老师为你支招

孩子不愿意、不敢在上课的时候举手，大多都是因为害怕。既然如此，我们就要让孩子知道举手不是一件可怕的事情。我给出了下面三个方法，家长们看看是否可行。

1. 父母做示范

在家里模拟小课堂，让孩子当老师，父母当学生。当孩子模仿老师提问的时候，父母要积极举手回答问题，有时可以答错几次，然后表现出虚心求教的态度。让孩子站在老师的角度看待学生回答错误的行为，让孩子明白在课堂上答错题不是一件可怕的事情，而是老师传授知识的一次机会。

2. 给孩子举手的底气

老师在课上问的问题，基本上脱离不了课本的内容，所以我们可以帮助孩子一起预习功课，让孩子提前熟悉课本上的内容，为上课回答问题做好充足的准备。我们带着孩子预习的时候，要找出孩子的弱项，帮孩子梳理预习的思路。孩子心里如果有了底气，就会更有胆量举手发言。

3. 对孩子的观点以鼓励为主

平常的时候，我们不要总是反对孩子发表自己的看法，而要多肯定孩子的想法，让孩子养成勇于表达的习惯。我们要多鼓励孩子上课积极举手，让孩子知道只要举手了，就值得表扬。

有时我们还可以准备小奖励，跟孩子做一个约定，如果孩子在课上举手回答问题了，就送给孩子一些他喜欢的东西。

家长反馈

阁楼听雨： 雷老师我一定要好好谢谢您！您的方法真的很好，我家孩子现在不害怕举手了。

雷老师： 孩子有所改变，我很高兴。他现在举手时应该不再抗拒了吧？

阁楼听雨： 是的，老师也跟我反映，说孩子现在上课积极多了。我知道我责备他也没什么用，就学您的方法，让他在家里跟我们一起练习。孩子在"讲课"的时候不仅能回顾课上的知识，他看我们总是举手，自己也跃跃欲试。这孩子对举手回答问题总算是没有那么抗拒了。

雷老师： 孩子找到举手回答问题的勇气之后，自然不会再那么抗拒了。孩子经常举手回答问题对他的学习也大有帮助。

第三节　孩子被同学嘲笑很伤心怎么办

少年郎： 雷老师，您好！我女儿从小就胖乎乎的，现在在班里属于偏胖的类型，随着年龄的增长，她也开始在意自己的身材。最让她无法接受的是，最近总有同学嘲笑她胖，还给她起了"胖妞"的外号，导致她现在总是闷闷不乐的。请问您有什么好办法可以让她开心起来吗？

雷老师： 家长您好，请问您是怎样安慰孩子的呢？

少年郎： 我们就对她说："谁嘲笑你，你就要在他们面前表现得不好惹一点，这样别人才不敢欺负你。"但是孩子却告诉我，她照做以后，反而和同学之间的关系变得更不好了。我们很担心这件事情会影响到她的学业。

解读孩子心理

孩子的心就像玻璃一样易碎，但嘲讽却是利刃，往往冰冷且锋利。当孩子向父母哭诉被嘲笑的经历时，父母的心里也很不是滋味。孩子被嘲笑后会有怎样的心理变化？让我们来看一看以下相关分析。

▶ 1. 自尊心受到打击

孩子会因为被嘲笑而自尊心受挫，对自身产生怀疑和否定，认为自己没有价值，陷入频繁的内耗。

▶ 2. 恐惧社交

性格渐渐变得内向，害怕与人接触，不愿和同学交流，从不主动在公共场合表现自己，对任何社交活动都选择逃避态度。

▶ 3. 焦虑和不安

过度关注自己被嘲笑的地方，认为自己不如别人，从而变得自卑怯懦。也因为担心再次被嘲笑，总是处于紧张的情绪状态中难以放松。

▶ 4. 产生愤怒和怨恨

觉得自己不被他人接纳和理解，内心逐渐自闭，远离群体。对嘲笑自己的同学心生怨怼，甚至可能产生报复心理。

心理老师为你支招

彻底解决孩子被嘲笑的问题，属实是一项需要持之以恒的"大工程"。我们可以先从以下几个方面入手。

1. 让孩子学会正确反击

面对嘲笑，一味地沉默并不可取。我们要教孩子学会正确反击："你可以大声告诉对方，我不喜欢你这样说。""你再这样说，我就告诉老师。""你这样说，我很生气。"也许这样仍然不能阻止对方，但也要让孩子勇敢一点，敢于表达自己的情绪和观点，让对方知道自己不喜欢。

2. 减少孩子对自己的过度关注

让孩子减少对自己的过度关注："也许我们会觉得一旦被嘲笑了，别人就会十分嫌弃自己，甚至还会对这件事情耿耿于怀，但其实大家对我们的关注程度远远没有我们想象中的高。因为在每个人最在意的还是自己留给别人的印象，对于别人的事基本都会一笑而过。"

3. 通过了解名人经历和挖掘自身优点来建立自信

当看到身体残疾但贡献杰出的伟人时，在听闻童年悲惨但后来居上的名人事迹后，孩子就会豁然开朗，原来喜忧参半才是人生常态，事事如愿就是天方夜谭，经历嘲笑仅是沧海一粟。

父母也可以帮助孩子挖掘一下自己的优点，并告诉孩子："面对无常世事，以品德为铠甲，用才华作法宝。记得要经常想一想自己的闪光点，这样就不会任自卑的情绪充满内心。"

家长反馈

少年郎：雷老师,真的非常感谢您的指导!之前孩子告诉我们别人笑话她胖的时候,我们只会一味地对孩子说那些同学都"没教养",还让孩子别搭理他们。没想到,孩子心里反而更悲愤了。但是在听从了您的建议后,孩子现在开朗了很多。

雷老师：您不要客气,孩子现在还会因此伤心吗?

少年郎：最近两周都没哭过了呢。孩子还说,虽然嘲笑她的同学比较失礼,不过或许自己真的应该戒掉高热量食品了,因为过度肥胖会影响身心健康。从那以后,孩子就给自己规定只能在周日的时候吃零食,并且每天还要坚持跳绳800个。孩子现在瘦了10斤了,还说同学们看到她的时候都很惊讶呢!

雷老师：真好,相信孩子一定会越来越自信的!

第四节 孩子上幼儿园就哭怎么办

酒酿樱桃子：雷老师，我儿子今年三岁两个月了，今天刚进入幼儿园满一个月。他几乎天天都要哭，还吵着说不去幼儿园。请问您有什么好的办法能让他快点适应吗？

雷老师：您问过孩子为什么不想去幼儿园吗？

酒酿樱桃子：问过的，孩子说因为不想离开爸爸妈妈，幼儿园里不好玩什么的。但是我们的工作都很忙，让孩子上幼儿园是必须的。

雷老师：那孩子平时的表达能力和自理能力怎么样？

酒酿樱桃子：其实都一般。因为孩子不是很喜欢说话，穿衣服也是刚学会不久，所以穿的时候并不是很利索，有时候还需要大人帮忙，再加上他天天哭，我真是又心疼又焦急呀。

解读孩子心理

很多父母都遇到过这样一个问题：孩子在家很活泼，但只要一提到去上幼儿园的事，脸上瞬间就写满了不情愿。从起床一直到强行送到幼儿园门口，不管怎样哄劝，孩子还是要哭闹个不停，抱着门框不撒手、扯坏父母的衣服都是常有的事。

那么，到底是什么原因导致孩子如此抗拒上幼儿园呢？我认为大概有以下几点原因。

1. 孩子有分离焦虑

与熟悉的家人分开，独自进入新环境，孩子会感到恐慌和不安，还要靠自己完成生活的大部分琐事，如穿衣服、用筷子吃饭、如厕等。如果孩子的自理能力不够强，又不知道如何开口求助，在园内的生活将会变得困难重重，加重分离焦虑。

2. 孩子的人际关系不佳

因为犯错而经常受到老师的批评，或是因表达能力不佳导致朋友少，又或是因过分调皮而遭到其他同学的冷落……类似的原因都会让孩子失去良好的人际关系，从而抵触去上幼儿园。

3. 孩子不适应幼儿园的日程安排

有些孩子对幼儿园安排的活动并不是很适应，会出现在游戏和学习中表现不如别人的情况，因此会产生挫败感。也有的孩子认为幼儿园的生活十分不自由，不能像在家一样随心所欲。

心理老师为你支招

当孩子因为不想上幼儿园而哭闹时,一定不要使用威逼、哄骗等方式强迫孩子入园,这样做会让孩子失去对父母的信任,也尽量不要在孩子面前流露出担心的表情,以免孩子哭闹得更凶。

其实,想让孩子心甘情愿地入园,我们就得想办法让孩子觉得幼儿园有吸引力。为此,我给家长们总结了以下几个方法。

▶ 1. 解决孩子在幼儿园遇到的具体困难

父母要主动搞清楚孩子在园内遇到的具体困难,例如是不是穿衣服不熟练、是不是没有好朋友、是不是玩游戏时总输给别人等,并充分利用在家的时间帮助孩子解决这些困难。孩子在幼儿园中没有了困难,才能轻松愉快地享受幼儿园的生活。

▶ 2. 制定奖励制度

坚持上幼儿园一周就可以买一个小玩具,坚持上幼儿园两周就奖励一顿大餐,坚持一学期入园前不哭闹就可以去主题公园游玩……有了类似的"奖励制度",幼儿园就会间接地对孩子产生一定的吸引力,而孩子入园时也就不再哭闹了。

▶ 3. 让孩子将卡通情景代入真实生活

有一个小女孩十分不喜欢上幼儿园,但在她最喜欢的动画片中,有相当一部分剧情都是在幼儿园中发生的。于是父母就告诉她"你现在就是动画片里的主人公",这时小女孩就接受了这个设定,并将自己在幼儿园的生活想象成是在动画剧情中。由此可见,我们可以利用孩子喜欢的绘本和动画片,让孩子对自己的真实生活进行情景代入。

4. 循序渐进法

父母可以通过逐渐增加孩子的入园时间来帮助孩子适应，例如从开始的入园半天就可以回家，慢慢过渡到可以在幼儿园内坚持度过完整的一天。

家长反馈

酒酿樱桃子：雷老师，谢谢您给的建议，我儿子现在终于肯去上幼儿园了。

雷老师：您不要客气。那真不错呀，孩子现在入园时还会哭闹吗？

酒酿樱桃子：哭闹的次数已经减少一半了，主要是孩子不敢开口向老师寻求帮助的问题改善了很多。还有，我们和孩子做好了约定：如果他坚持上两周幼儿园，就带他去动物园看他最喜欢的老虎。在老虎的诱惑下，他不情愿的情况减少了一些。过几天还想让孩子练习练习折纸，这样在手工课上他就不会手忙脚乱、心情烦躁了。

雷老师：宝贝进步得真快啊！相信在您的帮助下，孩子的幼儿园生活一定会变得充实又快乐。

第五节　孩子怕看医生怎么办

海边的微风：雷老师您好，我家孩子总是害怕看医生。这该怎么办呀？

雷老师：您好，孩子平时去看病就很抵触吗？

海边的微风：是的，每次孩子去看病都得费九牛二虎之力，好说歹说把他带到了医院，在候诊的时候他又不干了。只要不顺他的心意他就哭天抢地，在医院闹出很大的动静。看病的时候也是如此，他非常不配合医生。比如，医生要帮他看一下喉咙，他的嘴巴就是不张开。后面抽血化验的时候更是这样，我跟他爸爸两个人差点就按不住他了。

雷老师：那您后来有没有尝试用别的方法带孩子去看医生？

海边的微风：我没有什么好方法，每次跟他说要去医院，他不是躲起来就是在家里赖着不走。我们呢，就只能答应给他买玩具之类的要求。如果每次去医院都这么折腾，我真的受不了。雷老师，您看看能不能给我想几个招儿？

解读孩子心理

孩子非常抵触去看医生,这就导致带孩子去医院看病成为让许多父母头疼的问题。孩子看着身板挺小,但只要碰上打针,反抗起来需要好几个大人才能按得住。实际上,孩子不喜欢看医生是有原因的。

1. 看医生 = 会打针

很多孩子并不是一开始就害怕看医生,都是因为先前看病时经历了不好的事情。比如,孩子基本上每次去看病就会打针、吃药,还要被医生冰冷的医疗器械在身上戳来戳去。有时孩子不配合,还要遭受父母齐上阵的压制。孩子将这些不愉快的事情和医生联系起来,这就导致孩子对看医生越发恐惧。

2. 习惯性恐惧

有的父母总是喜欢拿医生来吓唬孩子,把看医生当成孩子犯错误时的惩罚。比如,如果孩子总是喜欢吃糖,不听父母的劝告,父母就拿牙医来吓唬孩子说:"你吃这么多糖,如果牙齿坏掉了,就让牙医用大钳子把你的坏牙齿全部拔掉。"父母如果经常这样,孩子就会对医生的治疗行为产生误解,对医生产生习惯性的恐惧。

3. 父母的忧虑传染给孩子

孩子生病了,父母通常都会比较焦虑和担忧。如果父母把这种担忧的情绪过分地显露出来,甚至慌张到丢三落四,这些不安的情绪就会传染给孩子。这样不仅会加重孩子看病的心理负担,还会让孩子更加抗拒跟医生接触。

心理老师为你支招

孩子不喜欢看医生是很正常的事情。遇到这样的事情，我们不要打骂或者欺骗孩子，而是要找合适的方法转变孩子的心态。以下是我给出的三个方法：

▶ 1. 跟孩子解释为什么要看医生

孩子其实也是讲道理的，关键在于我们用什么样的态度来对待孩子。我们每次带孩子去医院之前，最好告知孩子这次去医院干吗，可能会做哪些事情，让孩子有个心理准备。比如，如果带孩子只是去做体检，就可以跟孩子解释做一些检查只是为了让自己保持健康，还可以告诉孩子一些关于身体的知识。如果是带孩子去治病，就告诉孩子我们是去找医生帮忙，治疗身上不舒服的地方，让身体恢复健康。

▶ 2. 在家里跟孩子玩"看病"游戏

父母们可以在家里跟孩子玩角色扮演游戏，模拟去医院看病的场景，让孩子扮演医生，父母则扮演病人，让孩子通过"看病"游戏去了解医生看病的流程。父母可以在被孩子"打针"的时候表现出害怕的样子，让孩子主动去安慰父母，并理解医生的工作，减少孩子看医生时的恐惧心理。

▶ 3. 分享自己的经历，跟孩子共情

在教育孩子的过程中，父母的共情能力非常重要。我们可以跟孩子分享自己小时候看病的经历，跟孩子说一些自己也害怕的东西，与孩子共情，表示自己理解孩子的情绪。然后，我们可以陪孩子一起面对害怕看医生这件事，告诉孩子每个人都有自己害怕的东西，但我们最后都会勇敢克服。

带孩子看病之前一定不能哄骗孩子，比如说"我们不打针""打针一点也不

疼",而要对孩子实话实说。在看病的时候带上孩子喜欢的玩具,可以适当缓解孩子的压力。

家长反馈

海边的微风:雷老师,谢谢您。我家孩子现在去看医生已经没有那么抵触了。

雷老师:不用谢,您是怎么帮孩子克服的?请跟我说说吧。

海边的微风:孩子之前非常害怕看医生,总觉得我每次带他去医院就是带他去打针。我看了您的分析,知道孩子是产生了误解,自己有了不好的联想。于是,我就用孩子能听懂的话跟孩子解释,让孩子知道医院有什么作用,而且每次去医院之前我都会跟他说具体会干什么。平时我也会跟他玩当医生的游戏,顺便对孩子进行科普。这样孩子渐渐就不那么抗拒了,甚至跟我说他以后也要当医生治病救人。

雷老师:我真替孩子高兴!正确引导孩子认识医院和医生的作用,不仅能消除孩子的抵触情绪,还能对孩子进行职业科普。

第六节　孩子喜欢发脾气怎么办

开心就好：雷老师，您说我该怎么办？家里的孩子跟个炮仗似的，总喜欢乱发脾气。

雷老师：具体是因为什么事情，孩子才爱发脾气的？

开心就好：孩子现在脾气可大了，一点都不能逆着他来。他没吃到零食会发脾气，吃蔬菜会发脾气，去上学也会发脾气。可以说，只要有一点不满意的地方，他就乱发脾气。我不知道他为什么变得这么骄纵，总怕他把自己气坏了。

雷老师：孩子总闹脾气确实不好处理，您后来是怎么做的？

开心就好：心情好时，我就会多哄哄他。但如果我本身就很累了，根本不想应付孩子的无理取闹，那他发脾气，我也想发脾气，然后就变成我跟孩子吵成一锅粥的局面。雷老师，您给想想办法吧，我实在是忍受不了孩子的坏脾气了。

解读孩子心理

如果家里有个动不动就爱发脾气的孩子,父母情绪上来的时候就会跟孩子吵架。这样父母难以忍受,孩子也充满怨气,整个家都会变得鸡飞狗跳。其实,孩子不会乱发脾气。孩子发脾气背后有各种原因,让我来分析一下。

1. 孩子用发脾气来要挟父母

当孩子的需求没有被满足的时候,他们就有可能会用激烈的情绪来要挟父母,比如想要的玩具没买到,想吃的东西没吃到,等等。如果我们怕孩子的激烈情绪表达,孩子一发脾气就妥协,那么久而久之,孩子自然就学会了用自己的坏脾气来达成自己的目的。

2. 孩子想引起父母的关注

孩子平时从父母那里得到的关注和陪伴不够,但他们却发现只要自己表达消极的情绪、展露负面的行为时,父母就会关注他、回应他。对于孩子来说,虽然乱发脾气可能会惹父母生气,甚至会挨打挨骂,但是没有父母的关注才是最令孩子难过的事情。

3. 孩子想发泄自己委屈的情绪

孩子和成人一样,会有自己的小情绪。他们都想被看见、被理解、被安慰,但是他们的内心还不够成熟,不知道怎么合理地表达自己的感受和需求,所以只能采取乱发脾气这种极端的方式来发泄自己的委屈。

心理老师为你支招

为了解决孩子爱发脾气的问题，家长首先要稳住阵脚，不要跟孩子对着干。我们要在孩子面前扮演好三个角色：情绪的倾听者、情绪的共鸣者和情绪的引导者。下面我就从这三个角度来提几点建议。

1. 保持温和的态度，接纳孩子的脾气

在孩子情绪激烈的时候，家长要保持冷静、温和的态度，不能跟孩子对着干。我们要让孩子知道，他的乱发脾气和胡闹在我们这里是没有用的。当孩子的脾气没有得到回应的时候，他的行为自然就会慢慢停下来。等孩子冷静之后，我们再继续跟孩子进行交谈。

2. 询问孩子发脾气的原因，跟孩子产生共情

这个时候家长就要做一个好的倾听者，倾听孩子的烦恼，询问孩子到底为什么要发脾气。我们可以在孩子情绪激动的时候拉住孩子的手，认真看着孩子，表示理解孩子的感受，并且随时可以为孩子提供帮助。我们还可以抱一抱孩子，告诉孩子可以尽情地把内心的想法说出来。

3. 教孩子合理表达情绪，提供解决办法

帮孩子认知各种各样的情绪，让孩子可以识别出自己当下的情绪，比如生气、失望、孤独、自豪等，让孩子对自己的脾气和行为有一个客观的评价。

我们可以给孩子做控制情绪的示范，告诉孩子当父母生气的时候不会大吵大闹，而是会想办法解决问题。让孩子知道适当地发泄情绪是可以的，但是要注意表达的方式，不能让它伤害到自己或者其他人。

家长反馈

开心就好：雷老师,真的很感谢您的分析和解决办法。我家孩子已经没那么爱发脾气了。

雷老师：不用谢,现在孩子的状态怎么样?

开心就好：孩子现在表达情绪时温和多了。他原来脾气很不好,后来我听您的,不再跟他对着干,而是耐心地接受他的小脾气,问他生气、难过、委屈的原因是什么。他在我的引导下都说了出来。我告诉他我明白他的感受,但是不能因为自己难过就把脾气发泄在别人身上。之后,我就教他辨别自己的情绪,教他如何正确地表达情绪、解决问题。比如,孩子不喜欢吃西蓝花,原来会发脾气摔碗,后来他学会了把自己想法说出来,我理解了他,就让他少吃一点。

雷老师：孩子现在状态很好,我相信孩子之后能更好地控制坏脾气了。

第五章

解读孩子的语言心理

第一节　孩子总把"我不会"挂在嘴边怎么办

小小的四叶草：雷老师您好，我家闺女现在上初一，总是把"我不会"挂在嘴边。我该怎么引导她呢？

雷老师：孩子具体会在什么样的事情上说"我不会"呢？

小小的四叶草：这孩子无论碰上什么事情，都会下意识地说"我不会"，总是贬低自己。遇到难一点的题目她就会说"我不会"，碰到没尝试过的东西她就会直接说"我不敢"。这孩子对自己太不自信了。

雷老师：那您找她谈过吗？

小小的四叶草：有的，孩子这个样子我也很心疼。我每次找她谈心，都会鼓励她，她也都会尝试努力克服。但是没几天她就会变回原来的样子，总是治标不治本。您多给我点建议吧，看看能不能帮我把孩子的心态转变过来。

解读孩子心理

家长认为孩子能力不差，可孩子总是不相信自己，一遇到问题就说"我不会"。家长面对孩子这个态度，也不知道该怎么办，看着孩子两手一摆的样子，也只能干着急。其实，孩子总说"我不会"是有原因的，我来分析一下。

1. 孩子把"我不会"当借口

（1）不想做这件事

孩子对一件事情不感兴趣，或者犯懒不想做的时候，有可能把"我不会"当作借口，这样家长也就没办法强迫孩子做那些事情。时间长了，孩子就习惯性地把"我不会"当成了口头禅。

（2）依赖心理

孩子不是真不会，只是单纯地想依赖父母。孩子享受父母的照顾惯了，觉得只要向父母撒撒娇，说自己不会做，父母自然就会把事情都包揽下来。孩子既想被关注，又想让父母替自己做好一切，于是"我不会"就成了他们最好的借口。

2. 孩子自信心低下

（1）父母的打压

父母对孩子的要求过高，孩子一旦没做好某件事情就会遭受父母严厉的指责，比如"这么简单你怎么都不会""你太笨了""我能指望你什么"等。在这样的言语打压之下，孩子的自信心会逐渐崩塌，不相信自己能把事情做好，就只能对父母说出"我不会"三个字了。

（2）自身能力不足

孩子确实在某些方面能力不足，失败的次数多了，就会变得不相信自己，不敢再去尝试。他们会把这些失败变成自我否定。在某些领域能力不足的孩子，自然会认为在相关的领域自己也是不行的。比如，孩子篮球打得不好，便会觉得自己踢足球应该也不行，总跟周围的人说"我不会"。

心理老师为你支招

要让孩子从依赖父母解决问题，变得能独立解决问题，需要家长调整好自己的心态，少点对孩子的否定。到底怎么做才能让孩子少说几句"我不会"呢？我总结出了下面几个方法。

1. 向孩子"求助"，让孩子变成被依赖的对象

孩子说"不会"可能只是"不想会"。作为父母，千万不要让孩子觉得父母可以替他解决一切问题。父母可以适当向孩子示弱，询问一些事情该怎么解决。孩子为了帮助父母解决问题，很可能会想尽一切办法。

比如，父母要组装一个鞋架，可以问孩子："这个鞋架好难装，我不会了。要不你来试试看？"孩子得到了父母的信任和依赖，就很难说出"我不会"了。

2. 遇到很难的问题，家长跟孩子一起解决

当孩子写作业遇到很难的题时，家长不要急着反驳孩子的"我不会"，也不要责怪孩子。我们要接受孩子没办法解决问题的情况，然后坐下来跟孩子一起心平气和地解决问题。让孩子明白不会也不能放弃，可以慢慢找解决的办法。

3. 鼓励式教育，重新建立孩子的自信

为孩子创造可以锻炼自己的机会，当事情成功了，父母不要吝啬对孩子的

夸奖。一声夸赞和一个肯定的眼神，都能让孩子逐渐建立起做好一件事情的自信。夸赞和鼓励一定要真诚，因为孩子完全能看出来父母的敷衍。另外，在鼓励的同时，也要给予孩子接下来该怎么做的建议。

家长反馈

小小的四叶草：雷老师，我家孩子现在很少喊"我不会"了，太感谢您给的方法了。

雷老师：您客气了，跟我分享一下您是怎么做的吧。

小小的四叶草：我家孩子很多时候喊"我不会"其实就是因为懒，懒得动手，也懒得动脑筋。我尝试了您的方法，在家里做很多事情的时候都先问问孩子怎么办。窗户卡住了，叫孩子过来看看；折叠凳子打不开了，让孩子过来研究一下；看到个英文单词，也问问孩子是什么意思。孩子产生了被父母依赖的责任感和独自解决问题的成就感，不自觉地就压制了住说"我不会"的冲动，再也不逃避了。

雷老师：看来孩子对自己的能力有了认可和自信，希望孩子的心态能越来越好。

第二节　孩子爱说抱怨的话怎么办

进击的云朵：雷老师您好，孩子总是跟我抱怨怎么办？

雷老师：他都会跟你抱怨什么呢？

进击的云朵：我家孩子现在上五年级，每天放学回来就是对我抱怨学校里发生的事情。他总是对周围的事情很不满意，一会儿怪他同学不借给他橡皮，一会儿说数学老师留的作业太多了，一会儿又抱怨别人抢了公园里的秋千椅。

雷老师：那您是怎么应对孩子的抱怨的？

进击的云朵：我刚开始还能听几句他的抱怨，但时间长了，我也很烦躁，不想总听他怨声载道的。我都不知道他为什么会变成这样。我想劝他乐观一点，他反倒怪我不理解他。我想让孩子不要总抱怨了，雷老师，您帮帮我吧。

解读孩子心理

孩子回到家，不是抱怨老师和同学，就是抱怨作业太多，还总抱怨很多事情不能按照自己的设想发展。孩子充满了怨气，对很多事情表达不满。家长见自己的孩子总是怨天尤人，也很生气，不知道孩子为什么有那么多可以抱怨的事情。这到底是为什么呢？我们一起来找找深层的原因吧。

1. 为了推脱责任

孩子没有把事情做好，但是为了让自己好受一点，就想把责任推到别人的身上，比如说"我题目做错了，都是因为同桌在旁边吵我""我上学迟到了，都是因为你没早点叫我"。孩子认为自己不幸的遭遇都是别人造成的，而自己则需要得到特殊的照顾。

2. 想得到帮助

通常孩子对周围环境感到不满，但自己又没有能力改变的时候，就只能通过抱怨来让自己憋屈的情绪得到发泄。孩子不敢直接寻求帮助，想通过抱怨得到别人的理解，同时也期待别人能帮自己解决问题。

3. 给父母发出交流的信号

有时孩子在父母面前抱怨可能只是单纯地想跟父母交流，想得到父母的关心。孩子在学校待了一天，遇到了很多事情，想用抱怨来跟父母打开话题，以得到父母的肯定和理解。

心理老师为你支招

孩子的抱怨中包含了许多想法和诉求,家长不能避而不听,也不要粗暴地禁止孩子抱怨,而要追根溯源,有的放矢地帮助孩子解决问题。我给出了下面三点建议,家长们可以参考。

1. 倾听孩子的抱怨

安静地倾听孩子的抱怨,不要对孩子的抱怨做出评判,也不要认同孩子的抱怨。我们的认同只会鼓励孩子继续进行抱怨的行为。我们可以对孩子的抱怨表示理解,让孩子将不满情绪都表达出来,毕竟只有先"泄洪"才能解决问题。

2. 针对性解决孩子爱抱怨的问题

孩子的问题得不到解决,还是会继续抱怨。我们要跟孩子一起分析问题产生的原因,站在孩子的角度看问题,引导孩子从单纯地抱怨到解决问题。

如果确实是环境的问题,比如去新的班级不适应、跟同学相处不好等,我们就可以给出有针对性的意见。我们要教孩子怎么去适应环境,而不是去改变别人。如果是孩子自己的问题,就要教孩子摆正自己的位置,不要把什么问题都归结到别人身上。

3. 让孩子每天说一件值得感恩的事

让孩子在晚上睡觉之前回忆一下当天有哪些事情是值得感恩和分享的,可以是同学的帮助、老师的鼓励、父母的照顾等。让孩子学会感恩他人,慢慢把孩子的负面思考方式转化成正面思考方式,让他们少看别人做得差的地方,多看别人做得好的地方。

第五章：解读孩子的语言心理

家长反馈

进击的云朵：雷老师，谢谢您。孩子现在已经没有原来那么爱抱怨了，虽然还是偶尔会抱怨几句，但是已经好多了。

雷老师：不用谢，您具体是怎么做的，能说说吗？

进击的云朵：我刚开始也是不愿意听孩子抱怨，就一味地制止他，但是他的抱怨反而更多了。我后来就听您的，先耐心听他到底在抱怨什么，问他为什么抱怨。他好像也没想到我会认真听他讲话。后来说开了，我才知道他有很多事情不知道怎么办，就只能抱怨。我给他提了很多建议，还试着让孩子换个角度看问题，转移他的注意力，让他每天说说学校里有趣的事情，后来他的抱怨就少多了。

雷老师：孩子的心态转变过来以后，面对各种新问题时会更加乐观。

第三节　孩子不愿意和家长沟通怎么办

晨曦：雷老师您好，我家孩子现在什么都不愿意跟我说。我该怎么办呀？

雷老师：您能说说孩子不愿意说话的具体情况吗？

晨曦：我家孩子现在上初一，他现在都没什么话能跟我讲了，母子关系也变得很冷淡。他不想要我管他，也不想听我说话。无论我跟孩子说什么，他都随便说几句话敷衍我，甚至直接无视我。后来发展到只要我多说几句话，他就会跟我发脾气，有时甚至直接摔门把自己反锁在房间里。

雷老师：您跟孩子之间为什么会发展成这样呢？

晨曦：我也不知道怎么会变成这样，原来还挺好的，但现在跟孩子说几句心里话都变成了比登天还难的事情。雷老师，您帮帮我吧，我真的很想缓和跟孩子之间的关系。

第五章：解读孩子的语言心理

解读孩子心理

很多父母其实心里很纳闷：为什么孩子小时候什么都跟自己说，长大之后反而什么都不愿意说了呢？每次跟孩子说点什么，孩子要么压根儿不听，要么一句话也不回应，好像把自己封闭起来了。这是为什么呢？我来分析一下。

1. 对于父母没有信任感

父母跟孩子之间的亲密关系是需要从孩子小时候就建立起来的，但是有些父母可能忙于工作，对孩子的关心很少，没时间坐下来跟孩子好好交谈，即使交流了，孩子也得不到充分的肯定和支持，甚至还会遭受批评和指责。这样的相处模式让孩子对父母产生了疏离感，他们长大之后也不会愿意再跟父母深度交流了。

2. 无效沟通

无论父母跟孩子开始的时候谈论的是什么话题，最后都能拐到学习上来。父母总是在跟孩子谈成绩、说学习、讲道理，根本没有耐心听孩子说话，总把家长的身份摆出来，强行给孩子灌输价值观。

父母把说教和唠叨当成了交流的常态，总是跟孩子进行无效沟通，最后孩子只能保持沉默，拒绝沟通。

3. 得不到父母的理解

孩子无论说什么事情，父母听完总是会习惯性指责。比如，孩子对父母说了自己做的一些有趣的事情，而父母却认为孩子在调皮捣蛋。又比如，孩子受了委屈，父母不仅没有安慰孩子，还反过来指责孩子有问题。孩子发出去的交流信号得不到正向的回应和理解，就会渐渐放弃跟父母交流。

4. 隐私得不到保护

孩子并不是一开始就不愿意跟父母说话的,父母曾经是孩子最信任的人。但是有的父母不尊重孩子的隐私,竟然把孩子的一些隐秘心事当作亲戚朋友之间的谈资。这种行为不仅打击了孩子的自尊心,还破坏了孩子跟父母之间的信任,导致孩子不敢再跟父母多说。

心理老师为你支招

孩子其实是愿意跟父母交流的,我们父母要注意沟通的方式,我总结出了下面三个解决办法。

1. 多跟孩子"闲聊"

父母跟孩子之间的交流不一定都要有意义,我们应该把重点放在跟孩子交流感情上,跟孩子聊天不能太功利。我们可以多跟孩子"闲聊",站在孩子的角度展开话题,比如:"你今天跟好朋友在课间都玩了什么呀?""有没有发生让你高兴的事情?"等。

2. 展现父母的亲和力

我们跟孩子交谈的时候,一定要先把父母的威严放一放,充分展现我们的亲和力,让孩子觉得跟我们交流是放松的。

首先,要有眼神交流。我们跟孩子说话的时候要尽量跟孩子保持在同一个高度,注视孩子的眼睛,让孩子知道自己是被看到的。

其次,要保持柔和的面部表情。我们要保持微笑,营造一种让孩子放松的氛围。

最后,要有恰当的肢体动作。比如,我们时不时对孩子点头回应,做出赞许的动作，还可以跟孩子握手、拥抱，摸摸孩子的头，表达我们的喜爱和关心。

3. 把孩子当朋友

我们跟孩子交流的时候，要把孩子当朋友。沟通交流是相互的，不能单方面听孩子说，我们也可以先谈谈自己遇到的事情，再听听孩子怎么说，拉近我们跟孩子之间的距离。孩子习惯这样的沟通方式之后，会开始主动跟我们沟通。

家长反馈

晨曦：雷老师，是您的分析点醒了我，太感谢您了！我跟孩子现在时不时也能说上几句话了，我俩的关系也比之前好多了。

雷老师：太好了，我真替您跟孩子高兴！您跟我分享一下孩子是怎么转变的吧。

晨曦：我家孩子小时候话还是挺多的，长大之后就逐渐跟我没话讲了，在家里都不怎么跟我说话。经过您的点拨，我才知道自己跟孩子的对话内容说教意味太强了，孩子根本就不爱听。他也总觉得我不理解他。我现在尽量不总跟他聊学习，多跟他聊些轻松的事情，多听孩子自己说。我少发表一些意见，他自然就想多说几句了。

雷老师：是这样的，孩子都有表达的欲望。只要我们耐心倾听，孩子还是愿意跟我们多说说话的。

第四节　孩子爱说大话怎么办

南岸初晴：雷老师，您好。我女儿很喜欢说大话。请问对于爱说大话的孩子，应该怎样管教呢？

雷老师：家长您好，可以说说孩子的具体情况吗？

南岸初晴：好的，例如曾经有一些小朋友到家里来做客，竟然提出想看她表演一下弹钢琴、跳舞之类的请求。当时我一下就想到她跟朋友吹牛了，因为我女儿从来都没学过什么钢琴和舞蹈。另外，她也会对我说，自己今天的小测验又考了多少多少分。刚开始几次我还会很开心地相信她，结果后来我无意中看到考卷后才发现，她又在说大话。

雷老师：那您有没有在发现孩子说大话后对她进行教育呢？

南岸初晴：我基本都是口头教育她做人要诚实什么的，不过并没有什么效果。

解读孩子心理

"这道数学题有什么难的,上次在家的时候我还解出了比这道题难两倍的题呢!""这有什么了不起的,我 10 分钟就可以熟记 30 个英语单词!"……在孩子的日常交流中,吹牛是一种常见的沟通方式。童言无忌的孩子往往会十分享受这种过程,而在一旁作为听众的父母经常哭笑不得,并表示不能理解孩子的世界。其实,孩子爱讲大话的原因主要有以下两点。

1. 孩子不自信,怕别人轻视自己

有的孩子比较容易不自信,总担心别人会瞧不起自己,于是就会通过说大话来自我包装,希望能让自己听起来厉害一些。也有的孩子在了解到别人做了某些厉害的事后,不管对方是否在吹牛,内心都会不甘示弱,就算知道自己没有这个能力,也要说一些大话来震慑对方。

2. 孩子高估了自己

还有一部分孩子对自己能力的认识并不是很到位,常会出现高估自己、低估事情的情况。例如,他们可能说这次考试可以发挥得很好,所以不用怎么复习,但现实往往与他们的预估相距甚远。于是,他们说的话常常被人看成是口出狂言。

心理老师为你支招

一个讲话可靠的孩子,会成为老师眼中值得信赖的学生,也是同学最愿意交往的伙伴。那么,我们怎样做才能让孩子变得实事求是呢?大家可以来看看

以下几招。

▶ 1. 让孩子了解自己

父母可以通过一些心理测试、特长测评工具，帮助孩子深入了解一下自身情况。例如，我们让孩子认识自己的性格特点，以及自己能做好什么、不能做好什么等。在有了比较清晰的个人定位后，孩子下次就会根据自己的实际情况三思而后"言"了。因为了解了自己的优点和缺点，拥有了自信和谦逊的心态，他们也就不会用大话来包装自己了。

▶ 2. 告诉孩子"为什么"

当孩子问我们为什么不可以说大话时，我们可以这样告诉孩子："因为我们说的大话不能实现，别人慢慢就不相信我们了。"我们也可以告诉孩子："说大话不仅不能让我们看起来很厉害，反而还会因为事后被拆穿，而给别人留下不好的印象。"

▶ 3. 鼓励孩子实话实说

孩子取得了成绩，想要炫耀是正常的。我们只要鼓励孩子实话实说，不夸张就好。而且，一旦我们发现孩子平时有诚实的表现，要及时给予赞美与鼓励，这样孩子就能意识到：哪怕自己确实有不足的地方，或是犯了一些错误，但是别人会对自己的诚实与勇敢刮目相看，也可以增加自己在他人眼中的信任度。孩子体会到了实事求是的好处后，就不会再说大话了。

▶ 4. 教孩子学会"低调"赞美自己

当孩子在外面说大话，让我们感觉很没面子的时候，我们可以告诉孩子："妈妈很为你的成绩自豪，但你需要在没人的时候告诉妈妈。"如果孩子无意中又开始在别人面前炫耀，我们可以做手势，让孩子停下来。

第五章：解读孩子的语言心理

孩子得到别人的夸奖时，我们不仅要让孩子及时说"谢谢"，还要让孩子学会谦虚表达，比如："我们班还有比我更厉害的呢。"

家长反馈

南岸初晴：老师，您的方法真好用，我通过爱好测评帮助我女儿挖掘了一下她的特长。孩子惊奇地发现了自己的计算机天分，并感到十分自豪。现在她真的不怎么说大话了！

雷老师：孩子好聪明，进步得这么快啊！

南岸初晴：哈哈，孩子跟我说，之前总是看到别的小朋友在某方面很厉害，但是自己在这些方面却都不太擅长，又担心别人嫌弃自己，所以才会说大话。现在她已经认清楚了自己，不会再因为害怕被别人轻视而去说大话了。她甚至还买了教材在家自学电脑，立志要成为很厉害的程序员。很感谢您对我们的点拨！

雷老师：您客气了，孩子真的很棒，未来一定会成为国家的栋梁之材！

第五节 孩子固执不听劝怎么办

樱小洛：雷老师，我的孩子很固执，总是不听劝。您能教我一些好的办法让他乖一点吗？

雷老师：请问孩子今年多大了？可以详细描述一下孩子不听劝的表现吗？

樱小洛：孩子今年12岁了，从小就比较叛逆。就拿上次期中考试来说吧，学校第一天要考语文，虽然儿子平时的语文成绩还是挺好的，不过还是不能掉以轻心啊。但是儿子这次却贪玩了，考试前几天一直在踢足球，无论我怎样苦口婆心地劝他去复习，他都过度自信地说这次不用复习了。结果等到考试成绩揭晓，儿子的语文果然考砸了。

雷老师：在发现语文考砸了后，您有对孩子说些什么吗？

樱小洛：我对他说："让你不听家长的话！爸妈什么时候骗过你？！"

第五章：解读孩子的语言心理

解读孩子心理

"跟你说了上课时要记笔记，你就是不听！看看，明天要考试了，现在都不知道该复习什么了吧？""让你少吃零食、多喝水，非要等到上火流鼻血了才懂吗？"每个人的生活中都上演过"把自己往火坑里推"的桥段，尤其是在我们的童年时期。现在，孩子们又将扮演这种角色，再次经历"自作自受"的故事。父母为此也是操碎了心，并对孩子的这种行为百思不得其解。想要解决这个问题，我们可以看一看下面的分析。

1. 孩子不理解这些人生建议，父母也没能讲明白

面对全新的人生道理时，孩子是需要一些时间去领悟的。同时，我们作为父母也暂时还未达到可以"度化"孩子的地步。因此，孩子大部分情况下就只能根据自己以往的经验保守行事。就像水性不好的人面对汪洋大海，无论别人再怎么告诉他在海里游泳有多畅快，他大概率还是需要很长时间去适应。

2. 孩子的逆反心理在作祟

孩子对一些道理还是一知半解，如果父母教导他们时的态度不是很温和，他们很可能会故意唱反调。

心理老师为你支招

身在"孩子不听话，父母心里急"的两难处境，我们不仅需要多给孩子一些时间去理解人生，对自己也要多一分耐心。下面就让我们来看一看，怎样才能调

整好一家人的小情绪。

▶ 1. 在孩子固执时保持冷静

当孩子油盐不进时，父母一定要学会用理智来克制情绪，切勿对孩子发火，也不要一味地进行强迫式的说教，这样只会让孩子越来越叛逆。这个时候，保持冷静与温和是最重要的。

作为父母，我们要不断提升自身的内涵，在孩子面前树立起良好的榜样。当孩子发现父母变得越来越优秀时，就会渐渐地把我们当成自己的人生导师，也愿意重视我们平时说的话。

▶ 2. 拉近与孩子的关系

或许是流泪时的共情安慰，或许是放学后的一顿丰盛晚餐，或许是一场"说走就走"的郊游……种种暖心的小举动，都可以拉近亲子之间的距离。孩子把我们看作自己的"知心朋友"后，自然就愿意重视我们所言，遇到困难时也会主动向我们寻求建议，不再那么固执己见。

▶ 3. 让孩子通过挫折来成长

如果孩子比较固执的话，我们也可以让孩子适当走走弯路。吃到一些苦头后，他们自然就会理解为什么父母当初极力反对这种行为了，毕竟单纯的说教只是纸上谈兵。例如，孩子想熬夜，就让孩子体验一下熬夜后头昏脑涨的感受；孩子喜欢赖床，那就让他尝尝迟到后被老师批评的滋味；孩子考试前盲目自信，不复习，那就让考砸的成绩去唤醒他……

第五章：解读孩子的语言心理

家长反馈

樱小洛：老师，我儿子以前不是每次出门都要买一个小汽车玩具吗？但家里的小汽车玩具实在太多了，我让他换一种玩具，他都不肯。搞得出一次门，我都要发一次火。自从我听了您的话，和他约定每周只买一个玩具，想买什么，他自己决定，他反而不那么固执了。昨天，他居然主动放弃了买小汽车玩具，我太意外了！

雷老师：孩子固执，父母也容易和孩子较劲。

樱小洛：确实，以前我就是和孩子较劲，总想把他的犟劲儿掰过来。

雷老师：孩子的改变源于你给的自由，恭喜你做出改变。

樱小洛：这要谢谢您。

第六节　孩子犯了错不承认怎么办

蝴蝶飞：老师，晚上好！我想问您一个问题：应该怎样教育犯了错却不承认的孩子呢？

雷老师：家长晚上好，您能具体描述一下孩子的情况吗？

蝴蝶飞：就拿上周一来说吧，我发现阳台的花盆被打碎了，于是就问儿子是不是他干的，但儿子却一直说不是。一开始我信了他的话，但因为害怕是小偷进入，我就去查看阳台的监控录像，结果发现居然是儿子干的！于是我就生气地问他为什么不承认，他却用"我也忘记了打碎过花盆"来搪塞我。

雷老师：那之前在您目睹儿子犯错后，儿子对待错误的态度是怎样的呢？

蝴蝶飞：也是找好了一万个借口等着我，像什么不写作业啊，成绩不理想啊，没收拾好房间啊，等等，总会找借口来辩解。

解读孩子心理

很多父母常常会想：孩子如果能将不愿承认错误时那股倔强的劲头用在学习上，一定能成为班中的佼佼者。很多时候我们都想不明白：为什么孩子明明犯了错误，但他们就是不肯承认呢？下面就让我们来分析一下其中的原因吧。

1. 孩子觉得自己根本没错

孩子如果认为自己没有错，自然就不会承认错误。就像我们和别人发生争执时，别人生气地问我们为什么这样，但我们却觉得自己没毛病，是对方不可理喻。

2. 孩子没完全意识到自己的错误

在孩子没有完全意识到自己的错误时，他们会一直纠结：这件事情在别人看来好像有问题，但从自己的角度来看又没什么大毛病。

3. 孩子出于自尊心不想承认

每个人都希望自己在犯错时，别人可以网开一面，孩子也是如此。如果别人此时的情绪比较激动，说出一些不客气的话，孩子很可能会因为害怕被伤到颜面而强词夺理。

心理老师为你支招

不愿承认错误，是阻碍每个人成长的最大的绊脚石。一个敢于承认错误并及时改正的孩子，不仅会在学业方面表现突出，同时也会让父母省不少心。父母可以参考以下这几招：

▶ 1. 在孩子犯错时保持温和的态度

孩子在犯错时，我们要尽量保持温和的态度，多给孩子一些自我反省的时间，毕竟有时候孩子意识不到自己的错误。我们可以稍稍保护一下他们小小的自尊心，避免责骂与"拳头"教育。孩子发现，无论自己犯了怎样的错都能得到父母的谅解时，也会坦诚地说出自己的心里话，或是来询问自己的问题究竟在哪儿。时间久了，他们自然就会改掉犯了错还不承认的习惯。

▶ 2. 告诉孩子诚实的好处

当孩子问父母为什么要诚实时，我们可以这样告诉孩子："我们之前如果犯了一些错，再不诚实的话就是错上加错，也许本来犯的错并不大，但不诚实的行为更严重。只要被别人发现了一次不诚实的行为，以后无论我们说什么，别人都会抱有怀疑的态度。一旦主动地承认了自己的错误，即使之前犯的错再严重，也不会太让别人感到生气，因为我们的诚实是值得肯定的。"

在生活中，只要发现孩子有反思和诚实的行为，我们就要及时赞扬，并对孩子知错就改的行为表示肯定。

▶ 3. 为孩子树立知错就改的榜样

如果我们在生活中不小心伤害了孩子，不要碍于面子而不道歉，应该主动对孩子说一句"对不起"，这样孩子就能意识到，承认错误并不代表弱小，反而是一种勇敢的体现。如果孩子愿意的话，也可以给孩子讲一讲某些名人知错就改的故事。

第五章：解读孩子的语言心理

家长反馈

蝴蝶飞：老师，我觉得您说得对。我儿子之前不肯承认错误，确实有一部分原因是我的态度不够好。我儿子是害怕被批评，才不敢承认错误。

雷老师：那现在孩子面对错误时会及时认错了吗？

蝴蝶飞：好一些了，最近半个月在他犯错后，我都尽量让自己保持冷静，不去责骂他。结果就在前天，儿子居然主动向我坦白，说自己这次考试没有考好。虽然有的事情他还是一知半解，没意识到自己的问题，不过我愿意多给他一些时间，也愿意在他需要的时候为他提供帮助。谢谢您对我的指教！

雷老师：别客气，孩子能不断成长、有担当，就是咱们最想看到的！

第六章
解读孩子习惯背后的心理

第一节　孩子看电视上瘾怎么办

难忘：雷老师您好，我家孩子看电视的时间总是很长，好像已经沉迷了。我该怎么引导他呀？

雷老师：他一天能看多长时间的电视呢？

难忘：平时放学回来就坐在电视机前面，除了吃饭、写作业的时间，其他时候都霸着电视看，根本就不知道收敛。周末就更过分了，他能从早上睁眼开始看到晚上睡觉之前。

雷老师：您没有采取措施控制他看电视的时间吗？

难忘：刚开始我也是比较忙，孩子做完了自己的事情，我觉得看会儿电视也没关系。但后来他就越来越过分了，不让他看他就胡闹。我也很生气他这种行为，差点儿就把电视给砸了。他这样沉迷电视的行为还能改正过来吗？雷老师，您给我一些建议吧。

解读孩子心理

有趣的电视节目总能吸引孩子们的目光，可孩子一旦沉迷于电视，就怎么喊也喊不动，他们甚至连饭也不吃，作业也不写，就赖在沙发上看电视，说他们两句还生气。可到底为什么孩子这么容易沉迷于电视呢？我来给各位家长分析一下背后的原因。

1. 孩子不用思考就能看到精彩的画面

电视拥有变幻多样的画面、丰富的色彩、生动有趣的音乐，孩子对这些完全没有抵抗力。而且，看电视不同于看书，电视可以全方位地给孩子传输信息，而看书肯定是枯燥的，还要靠孩子自己的想象力去思考。孩子不用动脑筋就能接收到精彩刺激的内容，就更喜欢看电视了。

2. 家长缺位，导致孩子靠电视填补孤独感

父母没时间陪孩子，或觉得和孩子玩太麻烦，就把孩子丢给电视去"照顾"。孩子专注看电视时，父母可以干自己的事，甚至可以放松一下。养成习惯后，每当孩子缺少陪伴时，就会主动去看电视，然后不知不觉间产生依赖性。

心理老师为你支招

孩子是可以看电视的，但家长需要控制孩子看电视的内容和时间，不能让孩子一看电视就把其他的事甩在一边。我总结出下面几种方法，希望能把孩子从沉迷电视中拯救出来。

1. 陪孩子一起看电视

孩子看电视的时候家长陪着一起看，还要主动去筛选适合孩子看的内容，比如益智类的动画片、拓宽视野的纪录片等。看完之后可以跟孩子一起交流电视内容，比如跟孩子一起讨论动画片讲了什么故事，问问孩子为什么那些角色要那么做，跟孩子科普某些现象背后的原因，等等。

把孩子的注意力从电视上转移走，不要让孩子被动接受电视的内容，让孩子在跟家长交流的过程中，锻炼思维能力，同时拉近父母和孩子之间的距离。

2. 打破孩子看电视的习惯

有时孩子对看电视上瘾，可能只是形成了习惯，感觉不看就少了点什么。家长可以让孩子在习惯看电视的时间去干别的事情，把看电视的习惯打断。比如，如果孩子习惯一到家就打开电视，家长就可以让孩子到家之后先去洗澡、换衣服，或者帮着父母做点家务等，让孩子没有时间看电视。时间长了，孩子慢慢就会用别的习惯来代替看电视的习惯。

3. 让看电视变成麻烦的事

（1）把看电视跟枯燥的任务绑定在一起

家长可以让孩子看电视，但要将孩子看电视的时间跟孩子不喜欢的任务绑在一起。比如，看半个小时的电视就要拖一遍地，看一个小时的时间就要交一篇看完电视后的观后感，等等。当孩子不堪重负，觉得看电视麻烦的时候，他们自然就会逐渐摆脱电视了。

（2）把看电视变成惩罚

如果孩子喜欢看电视，总是不遵守时间，屡教不改，那就把看电视变成一种惩罚。比如说如果孩子看电视不睡觉，就让孩子连续看几个小时电视，不许他们干别的事情，也不许他们睡觉，从而让看电视也变成一种煎熬。

事后再跟孩子约法三章，约定好每次看电视的时长，不遵守就要接受这种连续看电视的"惩罚"。

家长反馈

难忘：我必须说，您的方法真的很实用。我家孩子看电视已经不会像之前那样毫无节制了。

雷老师：谢谢您的肯定，请说说您是怎么做的吧。

难忘：孩子之前也是天天盯着电视，我都怕他把眼睛看坏了。后来我就学了您的方法，只要他想看电视，我就跟他谈条件。如果在规定时间之外，他多看一集动画片就要做一次家务。后来他做家务做不动了，就逐渐远离了电视的诱惑。

雷老师：把看电视跟他不喜欢的事情联系在一起，他自然就会选择不看电视了。这样的方法其实也可以运用在纠正孩子其他的不良习惯上。希望您家的孩子之后越来越好。

第二节　孩子太追求完美怎么办

遥遥无期：雷老师您好，我女儿写作业的时候总是用橡皮擦来擦去，是不是有点完美主义啊？这该怎么办？

雷老师：孩子除了频繁地擦作业，还有其他类似的表现吗？

遥遥无期：这孩子对自己的很多事情要求特别高。她写作业的时候非常在意作业本的整洁度，不允许有一个字写得不好。有的时候，她做错一道题就开始跟自己生气。总之，她做什么一定要做到最好。

雷老师：您有没有劝劝孩子呢？

遥遥无期：刚开始我对孩子的高要求其实是感到高兴的，认为孩子在进步，所以就没怎么管她。后来时间长了，我发现她无时无刻不在焦虑，于是我就跟孩子说没必要这么较真，但她却不听。您能帮帮我吗？

解读孩子心理

有的父母发现孩子对自己的要求特别高，写作业的时候总是用橡皮不停地擦，擦了又改，改了又擦，把本子都快擦破了。孩子也不是不会写，而是对自己的字写得不满意，又或者总是怀疑自己的答案是错的，反正有一点不对劲就擦掉重新写。为什么孩子总是擦来擦去呢？大致有以下三点原因。

1. 家庭教育的高标准

父母平时就是对自己要求高的人，而且会给孩子树立高标准，整个家庭的做事要求都很严格。父母经常对孩子的行为进行挑剔，只要一点没做好就批评和打击孩子。孩子受到这种家庭教育的影响，平时也会在学习或者写作业的时候下意识地找问题，总想让自己做到最好，总认为自己达不到完美的标准。

2. 天生的完美型人格

有些孩子其实是天生的完美型人格，对什么事情要求都很高。在这类孩子的眼里，事情都是非黑即白的，只要去做就要做到最好。他们做什么事情都要求尽善尽美，不允许自己出现错误，只要事情没有达到完美的状态，他们就很难有成就感，内心就会产生焦虑情绪。

3. 对学习感到焦虑

孩子可能不是主动对自己有高要求，而是学习的压力让他们不得不总是陷入完美主义。他们可能对比过其他同学，发现自己的作业总是出错。他们想让自己变得更好一些，就会在写作业的时候怀疑自己的答案不正确。

心理老师为你支招

孩子这样的完美主义是可以引导的，我们来看看下面这几个方法。

1. 在孩子面前暴露自己的小缺点

我们不需要太在意自己在孩子面前的完美形象，可以展示自己的喜怒哀乐，可以暴露自己在生活习惯上的小缺点。这跟我们想在孩子面前树立榜样的行为是不冲突的。我们可以跟孩子谈谈自己小时候的糗事，一些失败的经历，让他们知道父母并不是完美的，所有人都可以不完美，也不是所有事情都可以完美解决。

2. 把目标从完美变成完成

孩子对自己要求太高反而会造成许多事情拖延、完不成，所以我们要引导孩子把目标从完美变成完成。

很多孩子想把事情做得完美，但又担心做不完。那我们就替他们做这个选择，帮助孩子把要做的事情变得更容易完成。告诉孩子可以先把事情做完，然后由父母陪着一起完善。比如，如果孩子写作业，就先让孩子把作业写完，不要管对错，之后再陪着他一起订正。

3. 让孩子正确评价自己

让孩子对自己有一个正确的评价，鼓励孩子接受自己的缺点和平凡。父母在平时要多给予孩子认可，降低对孩子的要求。

我们要多倾听孩子的想法，接纳孩子的负面情绪以及各种没做好的地方，而不是用高标准去评判。另外，我们还可以让孩子在日记里把自己的情绪抒发出来，表达自己真正的想法和感受。

家长反馈

遥遥无期：雷老师，您的方法真的很好用！我家孩子写作业不怎么擦了，现在也没有那么完美主义了。

雷老师：我真为孩子高兴，您具体是怎么帮助孩子改变的呢？

遥遥无期：经过雷老师的分析，我发现我对孩子的要求确实有点高，导致孩子凡事追求完美。后来我就降低了对孩子的要求，鼓励孩子接受自己不完美的地方。为了跟孩子拉近距离，我还对孩子说了自己上学时考试考砸的事情，他听了之后表现得很惊讶。他之前一直觉得父母在所有事情上都是完美的。后来他对自己要求就没那么高了，我们也一直在鼓励孩子接纳不完美的自己。

雷老师：我相信孩子之后一定能远离过度的完美主义，更加客观地评价自己。

第三节　孩子喜欢"讨价还价"怎么办

折纸：雷老师，我家的孩子现在 11 岁，非常喜欢讨价还价。这该怎么办？

雷老师：他讨价还价体现在哪些方面呢？

折纸：这孩子做什么事情都喜欢讲条件，比如他不想吃饭的时候，就会开始讨价还价，要求吃完饭让他多吃一块巧克力。我答应了，他才肯老实吃饭。不只是吃饭，还有写作业、收拾东西等，只要是他不喜欢做的事情，他都要跟我讲一个合适的条件才肯做。

雷老师：那您是怎么应对孩子讨价还价的？

折纸：我想的是多一事不如少一事，有些条件无伤大雅我也就答应了，但现在孩子越来越过分了，提的条件也越来越高。我不想让孩子养成这样的习惯，您有什么好方法吗？

解读孩子心理

我们喜欢跟孩子讲条件，却没想到有一天孩子也会跟我们讲条件。孩子做什么事情动不动就要设置一个前提条件，比如："你给我买最新款的汽车模型，我就不吵你了。""我要吃一个冰激凌才能去写作业。"孩子的讨价还价让我们疲于应对，那我们就得对症下药，先把原因找出来。

1. 孩子养成了要奖励的习惯

父母的行为其实在潜移默化中影响了孩子的行为。父母为了让孩子听话，可能会经常用各种条件和奖励来诱惑孩子。比如，孩子不想去睡觉，父母可能会说："如果你今天早睡，明天就奖励你一根雪糕。"

当父母跟孩子讲多了条件之后，孩子就会养成凡事要奖励的习惯。他们也会模仿父母的行为，用讨价还价来达成自己的目的。

2. 测试边界

只要孩子能够完成定下的事，有些父母就会无底线地答应孩子的要求，而孩子也会渐渐开始探索父母设定的规则和边界，了解自己能够在多大程度上突破这些限制。比如，孩子一开始要求玩10分钟游戏就去写作业，到后来变成半小时、一小时才去写。如果父母无底线地退让，将会换来孩子更加过分的讨价还价。

3. 孩子的思想在成熟

当孩子开始跟父母谈条件的时候，也代表孩子的思想已经开始成熟了，这是成长的表现。孩子的自主意识开始增强，想用语言来表达自己的诉求、争取自己的权利。所以他们一旦抓住机会，便会跟父母讨价还价。

第六章：解读孩子习惯背后的心理

> 心理老师为你支招

我们没必要跟孩子闹僵，用恰当的方法就可以慢慢纠正孩子讲条件的习惯。我总结出了下面的几个方法，一起来看看到底该怎么做。

▶ 1. 多给孩子精神上的鼓励

我们尽量少用物质奖励来激励孩子完成目标，多用精神上的奖励来鼓励孩子。比如，我们可以用一个鼓励的拥抱，一个赞许的眼神，来对孩子正确的行为进行强化。

物质奖励可以适当使用，但是要慎用。少给孩子物质奖励，这样容易让孩子去追逐奖励而不是追逐真正的目标。物质奖励可以在孩子实现目标之后偶尔给一次，让孩子知道物质奖励是父母给的额外鼓励。

▶ 2. 寻找共赢的方案

孩子讨价还价的时候，我们不要一味地拒绝，而要跟孩子商量可以跟父母一起做到的事情。孩子跟我们僵持的时候，我们也不能轻易退让，要跟孩子一起找折中的方案。比如，孩子想在睡觉之前看一部电影，但是时间不允许，这时我们就可以跟孩子商量："我们今天先不看，明天妈妈陪你一起看好不好？"这样既能拒绝孩子无理的要求，又能培养孩子的谈判思维。

▶ 2. 理性看待孩子的条件。

（1）小事可以让步

孩子所提的条件并非都是无理的。我们可以先了解孩子讨价还价背后的诉求，如果孩子的要求在合理的范围内，我们可以做出适当的让步。

（2）原则性的问题不能谈条件

告诉孩子不是所有事情都能谈条件，要立下不能打破的规矩，比如按时吃饭、睡觉，按时完成作业，等等。用坚定和冷静的态度表达我们的立场，让孩子知道原则性问题父母不会妥协。这样一来，面对原则性问题时，孩子就会放弃讨价还价的行为。

家长反馈

折纸：雷老师，您给的方法对我的孩子来说很有效果。

雷老师：过奖了，您的孩子现在还喜欢讨价还价吗?

折纸：比原来好多了。我知道是我之前跟孩子讲条件讲多了，导致孩子也跟我学了起来。后来我就逐渐减少物质激励，多用精神上的鼓励。孩子再跟我讨价还价的时候，我也跟他讨价还价，然后他就知道跟我讲条件并不能得到很多好处。而且我也听您的，坚定自己的立场，一些原则性的条件绝对不退让。后来他觉得没意思了，也就不再那么喜欢讨价还价了。

雷老师：孩子正在逐渐改变，以后肯定会更好的。

第四节 孩子花钱大手大脚怎么办

北遥：老师您好，我有一个女儿，随着她不断长大，我们发现她在消费方面越来越大手大脚。有什么办法能让她克制一下吗？

雷老师：家长好，请问孩子上几年级了？您说她花钱大手大脚具体都有哪些表现呢？

北遥：孩子今年上五年级了。一开始，我们约定好在每个月初按时给她零花钱，而且给的数额也不少。但是孩子常常不到二十天就花完了，然后会再向我们要，还说自己缺这缺那、不买不行之类的话。

雷老师：孩子平时的学习压力大不大啊？

北遥：还是有点大的。孩子的学校管得比较严格，我们工作也比较忙，很少能抽空陪她。其实我也想到了，花钱或许只是她的一种解压方式吧。

解读孩子心理

前天的巧克力、昨天的洋娃娃、今天的自动笔……虽然猜不到接下来哪种商品会被孩子"相中",但确定的是,孩子八成又会装无辜地看着父母,并央求道:"我保证这是最后一次!"下面我们就来分析一下孩子花钱大手大脚的原因。

▶ 1. 虚荣心的驱使

有些孩子可能因为想要得到同龄人的认可和羡慕,或是想要通过拥有某些物品来提升自己的地位,而大手大脚地消费。

▶ 2. 父母的溺爱

"宝贝,快来看看妈妈又给你买了什么新玩具?""儿子,手里还有钱吗?爸爸再给你几百吧!"……孩子沉溺在父母的物质之爱中,想克制住自己的购物欲一定不容易。

▶ 3. 用消费来解压

有些孩子缺乏父母的关爱和陪伴,遇到学习或者生活上的困难和压力,不知道如何有效地应对和解决,而选择用花钱的方式来转移注意力和发泄情绪。

▶ 4. 出于"新鲜感"去购物

孩子的好奇心和探索欲很强,他们想要尝试不同的东西,体验新鲜的感觉。与此同时,他们的消费观还没有形成,不太懂得区分"需要"和"想要",所以很难控制自己的冲动和欲望。

心理老师为你支招

"剁手党"早已不是成年人的专属标签，很多孩子也无法控制自己的购物欲。为了帮助孩子克服过度消费的坏习惯，父母不仅要以身作则，同时也要注意，不要在孩子不需要的时候替他购物。我们还可以采用以下几种方法，来帮助孩子改掉这个不良习惯。

1. 教孩子学会节约

我们应该教会孩子如何节俭，传授给孩子一些日常省钱的小妙招，例如买东西时不用急着下单，要多逛逛其他商店，学会货比三家；淘米水、洗脸水等，都可以倒到一个专用的废水桶里，用来冲马桶；东西损坏了或是不喜欢了，不一定要马上扔掉，可以开动脑筋变废为宝。

当孩子好奇地问我们为什么要学会节俭时，我们可以这样说："比方说我们手里有 100 元，如果我们花钱的时候精心挑选、货比三家，那么这些钱就可以买到 5 个你喜欢了很久的玩具。但如果我们不经过深思熟虑就随意地花钱，也许这 100 元就只能买到 3 个你玩上几天后就不太喜欢的玩具。"

2. 降低孩子对自己的关注度

或许这一点也应该让孩子想通：可能我们会觉得自己越富有，别人就会越羡慕自己，但其实大家对我们的关注远远没有我们想象中的多，因为大多数人都会希望自己是最受关注的那个。

3. 让孩子体会赚钱的不易

也可以找一些孩子力所能及的工作来让孩子完成，并支付相应的"报酬"。这样孩子就可以在亲身实践中体会到父母赚钱的不易。像浇花、洗菜、擦桌子等事务，都是可以交给孩子去做的。

4. 用关爱代替物质来满足孩子

我们平时也要多关注一下孩子的内心需求，给孩子多一分赞美，少一点训斥，在学习上的要求也不要太严格了，以免孩子压力失衡，疯狂消费。

家长反馈

北遥： 雷老师，好神奇呀！用您的方法引导了我女儿以后，孩子这半个月的花销居然比之前减少了不少呢！

雷老师： 哈哈，看来孩子进步很快呀！那现在孩子还会通过"买买买"的方式来解压吗？

北遥： 确实缓解一些了。我女儿给自己的定位是"小清新风"，并且她自己也发现了，平时最喜欢穿的那几件衣服确实都是清新的马卡龙色，而其他的衣服她穿了几天就不怎么喜欢了。她现在无论是买衣服还是买文具，都尽量会选择一些马卡龙色系的。而且，我和孩子爸爸也尽量避免用严厉的态度和她沟通，她不会常常郁闷了，冲动消费的次数就少了。

雷老师： 太好了，不仅孩子学会了合理消费，连家庭的气氛都更融洽了。

第五节　孩子乱拿别人东西怎么办

潇潇雨歇：老师您好，可以咨询您一个问题吗？

雷老师：家长您好，您请讲。

潇潇雨歇：最近遇到了一个比较严重的问题，我发现我儿子竟然喜欢偷拿别人的东西，被我逮到三四次了。虽然我每次都会对他进行严厉地批评教育，但他下次还是照拿不误。您说这可怎么办才好呢？

雷老师：可以详细说说您是如何进行批评教育的吗？

潇潇雨歇：第一次发现他拿了别人的东西后，我就直接告诉他，这种行为和小偷没什么区别，希望他能意识到自己错误的严重性。我发现他屡教不改后，就开始惩罚他，基本都是两天不让他玩玩具。对于他偷拿的东西，每次我都会让他物归原主，并给人家赔礼道歉。

解读孩子心理

有些父母可能遇到过这样的情况：带着孩子去别的小朋友家中做客，回到家后发现，孩子居然擅自拿回了别人的物品。虽然并不是贵重的物品，但是这种行为却是十分不值得提倡的。想要帮助孩子改正这个不良习惯，我们首先应该对其原因进行分析。

1. 孩子认为拿走他人的物品不是太大的错误

孩子或许会认为，只要自己喜欢某个东西，即便那是别人的，就算自己拿走了，也不会造成什么太严重的后果。如果再加上孩子身边的人曾出现过"贪小便宜"的行为，例如一遇到公共场合内提供的免费物品，无论是否需要都要拿一些回家，那么孩子就更会认为随意拿走别人的东西不是什么太大的错误。

2. 孩子觉得父母不能满足自己的物质需求

当孩子没有能力去购买想要的物品，而父母又拒绝了他们的请求时，孩子就会认为父母并不能满足自己的物质需求。于是，他们只能通过拿别人的东西来满足自己的欲望。

心理老师为你支招

在成长的过程中，没有一个人不愿意把喜欢的东西的占为己有。但"勿以恶小而为之"，一旦孩子出现乱拿别人东西的行为时，父母要及时对孩子进行正确的引导。我们可以试一试下文提到的几个方法，来帮助孩子改掉这个习惯。

1. 通过"私人区域"来培养孩子的边界感

父母可以为孩子准备一块私人区域来存放孩子的物品，并严格遵守"未经孩子允许，不随意拿走任何物品"的规定。同时，我们也要杜绝"贪小便宜"的行为。

2. 引导孩子共情

当孩子问我们为什么不可以拿走别人的东西时，我们可以这样问孩子："如果你最喜欢的玩具被别人拿走了，你会不会很难过？"如果孩子的答案是会，父母就进一步告诉孩子："你刚刚拿走的东西，也许是别人最喜欢的。你想想，对方会不会很难过呢？"

3. 让孩子亲眼看到乱拿别人东西的后果

父母可以让孩子到社交软件上看一看大家是如何评价乱拿东西的人的，也可以看一看偷拿别人东西的人是怎样被警察叔叔教育的，借用群众的力量来帮助孩子反省自己的错误。等孩子意识到自己错误的严重性后，再带着孩子去小伙伴家赔礼道歉，并将东西物归原主。

4. 尽量满足孩子的物质需求

在生活中，父母不要一味地拒绝孩子的购物请求，让孩子也享受一下自己拥有某种物品的快乐。这样一来，他们就不会再去拿其他小朋友的物品了。

家长反馈

潇潇雨歇:雷老师,真的很感谢!以前我只是单纯地批评孩子不能拿别人的东西,甚至还打他的手心。但这次我按照您的建议,对教育孩子的方法进行了改变后,他真的不再乱拿别人的东西了。

雷老师:不用客气,您过奖了!看到孩子进步了我也很开心。

潇潇雨歇:哈哈,我还让他上网看了看警察叔叔是如何教育别人的,并给他读了读网友对这种行为的评价。当他发现大家都在用不好的语言去批评乱拿别人东西的人时,孩子就害怕了,最后还主动对我说:"妈妈,我保证再也不拿别人的东西了,能不能别让警察叔叔把我抓走啊!"

雷老师:这下宝贝一定不会再拿别人的东西了。

第六节　孩子总爱抠鼻孔怎么办

追风人：雷老师，我家孩子经常用手抠鼻孔，请问这是怎么回事呢?

雷老师：您可以详细描述一下孩子的情况吗?

追风人：我女儿今年上二年级，我们发现她在家的时候，时不时地就会用手去抠鼻孔。后来与老师交流孩子的在校情况时，老师表示也发现了孩子有这个习惯。我们还想过她是不是得了鼻炎什么的，为此还带她去医院做了检查。但是医生说她很健康，没有任何问题。

雷老师：那您曾对孩子的这种行为加以干预吗?

追风人：我会在她抠鼻孔的时候告诉她"脏"，有时也会轻轻打掉她的手，希望能让她牢牢记住这种行为是不卫生的，但是效果似乎并不明显，而且她还会因此生气，甚至和我斗嘴。

解读孩子心理

有些孩子很喜欢不分场合地抠鼻孔，无论父母对这种行为进行了多少次的提醒，他们依然无法改掉这个不良习惯。为了能够帮助孩子改掉这个坏习惯，我认为有必要对其原因进行一定的分析。

1. 孩子习惯用抠鼻孔来获得满足感

把鼻孔内积攒的分泌物清理干净，会让孩子获得一定的满足感。因此，有些孩子就会将这种获得满足感的方式养成了日常习惯，这和喜欢掏耳朵的行为很相似。

2. 孩子有过敏性鼻炎、鼻窦炎或腺样体肥大等病史

如果孩子有过敏性鼻炎、鼻窦炎或腺样体肥大等病史，他们的鼻部就会经常出现痒感、鼻塞、流涕等症状。这个时候孩子就会不管三七二十一地用手去抓痒或清理异物。

3. 空气干燥或污染导致孩子鼻部不适

在季节交替或是早晚湿度差较大时，空气可能会比较干燥，这时一些分泌物就会凝结在鼻腔内部；四周的空气质量不好，也会让孩子的鼻腔内大量地繁殖细菌，形成干痂。孩子感到鼻部不适时，会很自然地用手去抠。

心理老师为你支招

我们发现孩子喜欢抠鼻孔时，千万不要用嫌弃的态度，以及类似"恶心""不

讲卫生"等含有讽刺意味的词语来挖苦孩子。帮助孩子从根本上解决问题才是正确的做法。对此，我特意为大家提供了以下几种方法。

1. 帮助孩子排除鼻部疾病的困扰

父母可以带孩子去医院进行一次全面检查，若孩子有相关的鼻部疾病，一定要帮助孩子及时治疗、缓解症状。日常生活中，使用吸鼻器或生理盐水清洗，放置加湿器和戴口罩外出等方法都是可取的。同时，父母也要记得为孩子准备好足够的纸巾、湿巾等卫生用品，教孩子用纸来清理鼻子。

2. 培养孩子的日常礼仪

当孩子问到为什么不可以抠鼻孔时，父母可以让孩子利用各种社交平台，看看众多网友对抠鼻孔的行为是如何评价的，借用群众的力量来帮助孩子意识到自己的错误。孩子发现很多人都不太喜欢这种行为时，就能自发地停下。

我们应该继续告诉孩子："也许我们从自己的角度来看，并不觉得抠鼻孔不好，但其实每个人都不太希望我们用抠过鼻孔的手随意乱摸，并将细菌沾染得到处都是。在别人面前抠鼻孔，还会影响到别人对我们的印象，别人很可能因此就不会和我们玩了。"

3. 利用"明星光环"来帮助孩子规范行为

如果孩子还是不能理解为什么不可以抠鼻孔，父母还可以通过一些孩子喜欢的公众形象来对其进行引导。例如，让孩子仔细想一想，自己喜欢的明星平时有没有在镜头前抠过鼻孔，如果他这么做了，粉丝会对他有怎样的评价。

平时，我们应该坚持帮助孩子做好个人卫生和形象管理，例如为孩子换上他最喜欢的衣服，给他设计一个适合他的发型，等等。当孩子站在镜子前欣赏着自己，并感到心满意足时，我们就可以趁机告诉他："宝贝，你真是太美/帅了。可是如果你还喜欢抠鼻孔的话，大家就不会觉得你美/帅了哦！"这时，孩子为了维护个人的良好形象，可能就不会再抠鼻孔了。

家长反馈

追风人：雷老师，真的好神奇！在用了您的方法后，孩子现在一感到鼻部不适，就会用纸巾来清理，很少再用手抠鼻孔了。

雷老师：哦？孩子进步得这么快啊！

追风人：我先是督促她每天按时用生理盐水来清洗鼻腔，然后买了一条她最喜欢的公主裙让她换上，还为给她扎了个美丽的发型。当她开心地照着镜子时，我就趁机告诉她，她现在是公主，公主鼻子不适的时候是绝对不会用手去抠的。于是，孩子就主动要求我为她准备好纸巾放到小挎包里，以便她在鼻子不适的时候使用。

雷老师：太好了，现在宝贝一定会时刻记得要保持自己的良好形象。

第七节 孩子总是不理人怎么办

Zoe：雷老师，您好。我想咨询一下：我儿子总是不爱理人，并且他每次不理人的时候我都会教育他，不过似乎也没能让他改变。您能给我一些建议吗？

雷老师：家长您好，请问您是怎样教育孩子的呢？

Zoe：一般我是先喊他一两声，见他没有反应，我就会提高说话的音量。如果他还是默不作声的话，我就会直接走到他面前，问他为什么不说话。但这时他往往就会开始不耐烦了，还会小声嘟囔"烦死了"之类的。然后我就要开始教育他了，告诉他大人在喊他的时候不应答是不礼貌的，接着再告诉他我要让他做的事。

雷老师：孩子在执行命令的时候态度如何？

Zoe：通常都是一脸不情愿，有时候还会激烈地反抗。

解读孩子心理

"十呼九不应"的情况在孩子成长的过程中十分普遍。随着一遍又一遍地呼喊着一脸"淡定"的孩子，父母原本比较平静的心情会逐渐变得暴躁起来，一些温和的话语最终还是变成了严厉的批评脱口而出。排除了听力障碍、自闭症等因素的影响，到底是什么原因导致孩子不爱理人呢？我想我们可以参考以下几点分析。

1. 孩子正专注于其他事

孩子全神贯注地做自己的事情时，很有可能会忽略周围的一切动静。

2. 孩子在生气，不想理人

如果孩子在和父母吵架后生气了，那么当父母再想和孩子说话时，孩子就会用沉默来表达内心的愤怒。

3. 孩子的脾气比较傲娇

孩子在和父母发生了矛盾后，有时父母就会逐渐意识到自己的问题，并会和孩子主动示好。孩子这时虽然不怎么生气了，但是会因为碍于面子还要傲娇一下，并不会马上回应。

4. 孩子因为害怕而装作没听到

如果父母平时与孩子交流时的情绪都比较激动，那么孩子再次听到我们叫他时，可能会因为害怕受到责骂而装作没听到。

第六章：解读孩子习惯背后的心理

心理老师为你支招

良好的沟通是父母与孩子心灵之间的桥梁，我们都希望能与孩子轻松愉快地交流。但现实中，孩子冰冷的态度却常会浇灭父母的热情。不过，父母也不必为此感到担忧，试一试下面的几个方法，说不定就能让孩子逐渐打开紧锁的心扉。

1. 允许孩子静一静

当孩子出于烦躁或愤怒不想与父母交流时，父母应该尊重孩子想静一静的想法，给孩子空间去自我消化。如果强迫孩子开口，反而会导致沟通质量的降低，甚至引发争吵。即使孩子勉强执行了父母的命令，下一次大概率还是不会主动去完成，同时这也加重了孩子不愿意与我们沟通的情绪。

孩子消化完自己的情绪后，也许就会主动来和我们说话了。这时，我们可以耐心地与孩子沟通。但要记得，千万不能因为孩子主动来找我们，就表现出得意或是咄咄逼人的样子，以免前功尽弃，让孩子再一次关闭心扉。

2. 改变平时对待孩子的方式

我们可以反思一下，是不是平时和孩子交流时的语气有点重？是否总是忽略孩子的心情，单方面急着想和他交流？我们也可以想一想，看看自己平时是不是有什么做得不对的地方引起了孩子的不满。以上这些情况都会让孩子逐渐变得沉默。哪怕我们只是主动做出了一点微不足道的改变，也能在很大程度上正向推进目前"卡壳"的亲子关系。

3. 用话语和小礼物对孩子表示道歉

如果孩子是因为傲娇而暂时不想理我们，那么，这个时候孩子的内心其实是希望父母来哄自己的。只要我们用一些话语或小礼物来对孩子表示道歉，孩子就会与我们交流了。

家长反馈

Zoe: 雷老师,您的方法真好用!我儿子现在和我们沟通的次数越来越多了。

雷老师: 那太好啦,孩子现在和父母沟通时的态度好些了吗?

Zoe: 也好了很多。我和孩子爸爸好好反思了一下,也许平时是我们太急了,总是强迫孩子听我们的话,按照我们的想法办事。于是我们就退了一步,让孩子先静一静。没想到,后来我们再和孩子说话的时候,明显地感觉到孩子的态度变得积极一些了。

雷老师: 这下亲子之间的沟通肯定会越来越和谐。

Zoe: 我们也改变了一些在平时生活中的小细节,比如为他更精心地做饭,在叫他起床上学的时候多一些耐心,等等。

雷老师: 有这样贴心的父母作为榜样,一家人的生活一定会更幸福的!

第八节　孩子总是乱放东西怎么办

小冻梨：雷老师您好，孩子总是把东西放得乱七八糟该怎么办呀？

雷老师：您好，孩子平时有哪些表现呢？

小冻梨：他总能把东西放在最离谱的位置，比如他的文具盒里居然放着一块吃了一半的面包，房间里书架上不放书，放玩具，而他的书又全都堆在地上。他把东西放得到处都是，各种杂物也是放得乱七八糟，完全没有条理。

雷老师：那您让他收拾过吗？还是自己帮他收拾？

小冻梨：我帮他收过几次，但是没几天又变得乱七八糟。他还不想要我帮他收拾，说我一帮他收拾，他的东西就找不到了。后来我也不想帮他收拾了。您给我支个招儿吧，帮我家孩子改改这个坏习惯。

解读孩子心理

孩子好像总是有用不完的精力，总能把家里弄得一团乱。许多东西都能在意想不到的地方找到，我们根本就收拾不过来。孩子到底为什么要把东西放得乱七八糟呢？我总结出了下面几点原因。

1. 过度投入

孩子专注于自己的事情时，会全身心地投入其中。就像我们在查资料的时候，不会注意到手边堆了多少书，孩子在专心玩玩具的时候，也不会注意到自己拿了多少玩具出来。孩子的预判能力还比较差，不知道自己应该拿取多少东西。在孩子过度投入的时候，他只会专注于眼前的事情。

2. 发挥自己的创造力

很多时候大人眼里的乱七八糟，在孩子眼里却是有秩序的。孩子按照自己的想法乱拿乱放，也许只是在发挥自己的创造力。比如，孩子在家里乱涂乱画，把家里的墙面当成大画板，说明孩子的色彩敏感度高。孩子将自己的东西或者玩具不按顺序摆放，说明孩子想法多，动手能力强。

3. 发展自己的观察和探索能力

孩子其实也在学着大人观察这个世界，他们看见父母按照一定的规则摆放物品，会好奇东西为什么要这么摆放。还有，为什么各种各样的袜子要放在一个抽屉里？为什么书柜里的那些书要放在一起？为什么自己的玩具要装在不同的箱子里？孩子会边探索边观察，翻箱倒柜，然后就把东西放得乱七八糟。

心理老师为你支招

面对孩子胡乱摆放东西，我们具体该怎么做呢？

1. 给孩子的东西设置专属位置

给孩子做几个带有标签的收纳盒，跟孩子一起给他的东西分好类并设置好专属的位置。这样孩子不仅能更加方便地找到自己的东西，也更容易培养做事有条理的好习惯。

比如，给孩子的书架贴上标签：课本一个格子，练习册一个格子，课外书一个格子，等等。给孩子桌面上摆一个多层的收纳盒，同样贴上标签：铅笔一层，签字笔一层，便签本一层，等等。这样孩子需要什么就可以拿什么。

另外，我们还可以给孩子设置一个临时收纳篮，让孩子回到家把自己的外套、书包、红领巾等东西放在临时的篮子里，方便后续的收纳工作。

2. 让孩子用完东西后放回原处

让孩子养成"原路返回"的习惯，教孩子把用完的东西放回原来的地方，特别是家里的公用物品，比如电视遥控器、水杯、肥皂等要放在家里固定位置的东西。孩子自己的东西也要教孩子用完后及时放回收纳盒里，方便下次再使用的时候更容易找到。

3. 家庭成员之间互相监督

孩子的自控能力不好，不能时刻做到把东西收纳整齐，需要父母来监督。但是父母单方面对孩子进行监督，很容易让孩子感到烦躁，为此我们可以让家庭成员之间互相监督。这样大家在家里都要遵守同样的规则，孩子有了责任感，父母也要做好榜样，这样更容易引导孩子主动把东西收拾整齐。

家长反馈

小冻梨: 雷老师,孩子现在终于会自己整理东西了,谢谢您的帮助。

雷老师: 不用谢,对孩子有帮助就好。您介意分享一下您是怎么改正孩子乱放东西的习惯的吗?

小冻梨: 孩子原来总喜欢翻箱倒柜,把东西放得乱七八糟。我起初就随他去,事后我都会让他自己收拾好。但是我发现他不会收东西,总是把东西放在不合适的地方。我问他为什么要乱放,他还说得头头是道,觉得自己放得没有问题。后来我就跟他一起做专属的收纳箱,告诉他为什么要这么放。他学得很快,还监督我跟他爸爸也要好好收拾东西。

雷老师: 我相信孩子学会了收纳之后,整理自己的东西会更有条理。